自 然 文 库
N a t u r e
S e r i e s

Sex on Earth:

A Celebration of Animal Reproduction

U0303459

地球上的性
动物繁殖那些事

〔英〕朱尔斯·霍华德 著

韩宁 金箍儿 译

创于1897

商务印书馆
The Commercial Press

2019年·北京

献给艾玛（还有甜甜和阳光）

目　录

地球上的性——动物繁殖那些事

序言　谢谢您，阳光夫人

　　我非常想以下面的场景作为本书的开头：我一手拿着双筒望远镜，一手拿着笔记本，自信地穿过热带雨林的潟湖，观望，静候，悄悄地爬向正在交配狂欢的奇特动物们；或者我爬到猴面包树的树腰，观看几米之外正在交配的鸟儿；或者我凭借一根绳子，悬挂在崖顶的裂缝上空，观察裂缝中一只莫洛卡产婆蟾挣扎、翻滚着靠近一只活泼的雄性。但是，不，不从那里开始，本书会从拜访爱丁堡动物园开始。我当时正目不转睛地盯着一只大熊猫，详细说来，是盯着一只大熊猫的屁股。

　　这个毛茸茸的屁股的主人是一只叫甜甜的雌性大熊猫，她蜷缩在动物园饲养场的角落里。我想更好地描述一下这个屁股，但我搜罗了所有关于哺乳类动物屁股的表述，发现大熊猫的屁股相当独特：没有明显分瓣的臀部，没有显露在外的粉红色性皮，毛发浓密程度中等，颜色一致，看起来像一个品味高雅的人造毛绒坐垫。我曾经想象过第一次见到一只活的大熊猫的场景，各种文学辞藻在我脑海中闪耀。对这次与野生动物会面的优雅场面，我充满感激、敬畏与赞叹。只有3000只了！世界上只剩下3000只大熊猫了！濒临灭绝！地球生命绝望的命运！然而……为什么我没有热泪盈眶？我应该双膝跪地，为它们（或我们）的救赎而祈祷。但是……一切都没有发生。我只是画了一幅小图：一个圆圈，周围伸出一些毛。就这些。在下面我潦草地写下："大熊猫的屁股"。

那是 2012 年年底，我去朝拜两只叫甜甜和阳光的大熊猫。它们是动物园的新成员，如果一切顺利，它们将很快成为一只新生大熊猫宝宝的爸爸和妈妈。但是它们共同待在动物园的第一年，没有生育的迹象（动物园的工作人员告诉我："阳光不够了解雌性的生理特征。"换句话说，它没有"命中目标"）。也许 2013 年是它们的生育之年？

我们习惯于认为大熊猫是濒危动物。它们确实是处在灭绝边缘的物种，仅有约 3000 只存活于地球上。但是，对于一种曾经漫游在中国大部分地区的动物来说，这个数字似乎相当不可信。它们因大片竹子栖息地丧失而成了受害者。偷猎以及人们想要看到人工饲养的大熊猫的欲望（这可是有历史传统的），让它们的处境雪上加霜。大熊猫是名副其实在灭绝边缘步履蹒跚的物种。* 我确信这是事实。因此，我想亲眼看看它们。我去爱丁堡动物园交了入园费，站在它们的面前。不只如此，你们也看到了，我最近花了相当多的时间为它们辩护，以保护它们免遭公众越来越充满敌意的对待。近几周，我正在写一堆反击文字，每一击都稳稳地击中那些头版头条的评论文章。那些文章总是批判熊猫患有演化动作协调功能障碍症，要么说它们有一些特殊的缺陷，要么说它们甚至无法进行最自然的行为——性行为。

当大熊猫受到严厉批判的时候，我该做什么？暂且袖手旁观？我观

---

* 2016 年 9 月 4 日，世界自然保护联盟（IUCN）将大熊猫的受威胁等级从"濒危"下调为"易危"。——本书中脚注若无特殊说明，均为译者注。

望了一段时间，但是，老天，当《卫报》插手时，你懂的，事态白热化了。他们最新的社论（题为《不可思议？喂饱熊猫》）触发了我的暴怒模式，警报用语比比皆是："演化的灾星"（**警报**），"不愿生育"（**警报**），"代谢笑柄"（**警报**），还有传统的责难"超比例的经费被吸干了""占用了其他濒危物种的研究经费"（**警报！警报！警报！**）。

我是世界上唯一开始为它们感到有点难过的人吗？这些肥胖的黑白乞丐——永远索取、索取、索取——因失败太多次，不能像地球上其他生命一样抚育后代，就失去了普遍尊严吗？不，当然不是。于是，我成了大熊猫的辩护人。它们真的性行为适应不良吗？它们真的要背负性冷淡、浪费资源、假正经的恶名吗？越是深深思考这些问题……呃，不，实际上，我不确定这是否名副其实。但可以确定的是，大熊猫与我们及地球上其他生物一样，在性特征上是合格的，一路发展至今，它们的一系列祖先均成功地繁衍了后代（一直可以追溯到我们共同的哺乳类祖先，实际上，可以追溯到真核生命伊始）。大熊猫的祖先没有失败过。在这方面，它们和你我一样。大熊猫的性能力毫不逊色；它们的受精成功率（繁殖成功率）与你所见过的其他每种动物一样，百分百命中目标。实际上，以大众的"优劣"观念为标准，我认为它们的性能力极佳。

让我解释一下，雄性大熊猫的精子量比一些熊还高 20 倍。这是否告诉我们一些有关它们的性的常识？当然，雌性大熊猫的繁殖腔很紧，而这种繁殖系统的特点让大熊猫成功繁殖了数千代。这个事实表明，直到我们人类到来之前，一切都很正常。本质上，那些大熊猫的身体知道它们在做什么，我们人类才是把它们的生活毁掉的家伙。毫无疑问，大熊猫绝不是卧室里性迟钝而笨拙的家伙，至少在野外，当它们远离我们的时候，绝非如此。

　　我对大熊猫的了解主要源于亨利·尼克尔斯（Henry Nicholls）的《大熊猫之道》，从书中我了解到，有关大熊猫性爱的故事，其实是人类把性如何发挥作用的知识强加在大熊猫身上，期待它们繁殖，看着它们失败，接着，不是看大熊猫在野外如何繁殖，而是使用我们人类的性知识，让它们在动物园里配对、交配的过程。现在一切听起来很明显了，对吧？是的，的确如此。（在本书中，您将明白，我们人类无可争辩是所有生物中对性最茫然无知的物种。）在最早期有关大熊猫的发现中，极其明显的是，大熊猫可以闻到我们闻不到的东西。换句话说，性是有气味的。20世纪的大熊猫科学家们完全忽略了这样一种感官的存在，然而，现在嗅觉似乎如此显而易见，要让捕获的大熊猫对性产生兴趣，需要在雌性大熊猫临近易受孕期的几天让大熊猫们好好嗅一嗅对方。科学家们发现野外大熊猫种群中雌性与雄性通过嗅觉交流记住对方，调整自身的性激素水平，为最后的行动整枪待发。这就是为什么它们只需要一个很小的繁殖腔，其他都是多余的。我们已熟知的知识改变了一切，如今保育员依赖性气味这个信息来饲养大熊猫。在适当的时候，收集大熊猫的尿，用尿浸泡木块，之后把木块随意丢到住在各自笼里的雌性大熊猫和雄性大熊猫的笼子中间，就是让它们发情的招数。

　　对于笼养大熊猫的繁殖，深入研究嗅觉以及野生大熊猫使用嗅觉的机制是非常重要的。这具有不可思议的价值。在一个研究站点，以此知识为武装，饲养的大熊猫数量从1996年的25只，增加到了几年后的70多只。其中的道理是：如果要促进大熊猫繁殖，你需要尽量弄清楚大熊猫在野外是如何交配的，而不是让几只笼养大熊猫挤在一起，然后等着看运气。然而，在有了这些发现以及从野外搜集来的大熊猫知识之后，大熊猫作为性误导的呆瓜、演化灾星的名声依然挥之不去。我对此大惑不解，这到底是怎么回事呢？

我想我喜欢大熊猫不是因为它们的样子本身，而是因为它们的象征意义。它们是这样一种动物——每个人对它们都有不同观点，然而只有极少数人真正了解它们。不只如此，你知道吗，我发现正是因为这个原因，我才觉得它们很迷人。是的，你可以争论每年投资几百万又几百万去保护它们是否值得（就这一点，我同意你的观点，这是个值得讨论的问题），但是，请不要嘲笑它们的性生活。至少你需要先设法在广袤的竹林里成功地追踪一对大熊猫，并在它们生产出可养活的幼崽的那天，准确地拍到它们交配。否则，你无权取笑它们。我鼓励你现在就到野外去，穿着《饥饿游戏》里那般行头去，我打包票你会失败，大熊猫如果会笑，它们会笑话你在性这方面彻头彻尾的无能。

所以，现在让我们来看看这本书。我对"动物性生活"的完整过程相当好奇，许多科学家与科普作家已经牢牢锁定这个研究领域，而且，做出的成绩远远超出我所能想到的，但是，在完全诚实的情况下，我偶尔觉得有点厌倦，有关动物的性的书籍可能会有点像色情书籍——全都是大胸和巨大的阴茎。看几页就麻木了，大多数描述包含雌性在性交之后吃掉雄性、鬼鬼祟祟的雄性与主雄称霸欺负小字辈、腼腆的雌孔雀在一旁等待雄孔雀炫耀战利品、雄性"强奸"（我们稍后再谈这个词语的用法）雌性、杀婴行为、翻车鱼的异装癖、雄性海马产崽、藤壶超长的阴茎、蓝鲸松软而巨大的阴茎。

在这种关于动物之性事的短篇故事中，给雄狮留了足够的篇幅，因为它是动物界真正的性爱明星，哺乳界的链接诱饵*——生物形式的"点这儿"。它几个小时就可以交配一次，一天内可交配多达 100 次。纪录片里的解说词是这样的："主雄必须拥有超凡的精力，因为雌狮子也许需要数百次交配才能受孕。"但是，等等……等一下……雄狮需要那么多次才能让雌狮中彩？我们不是刚给大熊猫贴上性无能的标签吗？以此为基础，狮子也很让人绝望！糟透了！当然，狮子这样的表现是有原因的：和大熊猫一样，雄性与雌性个体都身陷演化斗争或是与同类其他个体的战斗中。

但是，我离题了。根本上，我要说的是：动物的性的故事偶尔可能会以古怪或者奇怪的方式上演，有时候近乎色情。在普遍流传的有关动物性事的新闻报道中，我们加了太多人为的作料，这是我越来越深恶痛绝的。我一直困惑不解，这些故事的脚本是谁写的？新闻编辑？出版商？播音员？人类？抑或，只是人出于本性，想知道诸如"谁的最大？"这类学术问题的答案？难道不是人类想知道哪种动物交配最持久，或者产生的精子量最多？难道不是人类想知道哪种雌性动物在交配之后咬下雄性的阴茎？观看流行的经过审查的动物交配故事时，透过薄薄的胶片，难道我们看到的不是自身的不安全感或欲望？这每一种不安全感和欲望难道不是通过电视屏幕上动物的生活展示出来的吗？难道这一切只是社会阐释？也许吧。老实说，我真的不知道。但是，每当雌性大熊猫因需要精子捐献者、"无能"或"不愿生育"而受到抨击的时候我都要思索。毕竟，大熊猫只是动物，有趣得无以言表的动物，它们和生活

---

* link bait，指网站上一些有趣的内容或特性，吸引用户从其他网站链接过来。

在充斥着性的星球上的其他神秘居民一样，也许十亿年没有被关注过。性的主题之大，超出我们人类，超出大熊猫、狮子、藤壶等。

爱丁堡之行让我思考、写作，我写了一篇有关这些大熊猫的小文，此文让我得以与布鲁姆斯伯里出版公司一位友好的兄弟交谈。在一家人头攒动的中餐馆，我隔着桌子低声把"咒骂"的话传给他，那架势好似国际特工传递军事机密。我下巴上挂着面条，声音嘶哑地说道："我难道是这个世界上唯一想要知道世界上什么东西的阴道最大的人吗？""难道我是唯一好奇地球围绕太阳旋转是如何让我家池塘里的青蛙变得那么淫荡的人吗？"我把身体靠得更近："我们人为什么要有性爱？"我从牙缝里轻轻吐出那个隐晦的词，这样就没人能听到。"为什么棘鱼也有性爱啊？为什么有的动物，像黄蜂，性交后就会大片死亡，而其他动物却能继续为来年更多的性事做准备？为什么孔雀的咆哮尖叫对我们来说意味着性，而对大熊猫尿里蕴含的东西，我们却察觉不出'性'的信息？这都是怎么回事？"

诸如此类的问题可能要么让人觉得可笑，要么让人觉得大胆而勇敢。我怀疑布鲁姆斯伯里出版公司认为这些问题很可笑，因为可笑同样也有价值，只要我们将其作为衡量真正的意义和理性的尺度。于是，他们接受了我的提议，而我则将生命中下一个年度致力于研究性：动物的性。我拿到了委托书。我走出餐馆来到街上。我想："从这儿开始，我下一步该如何进行？"我思考颇深，试图用清晰的头脑解析性，忘掉我已经了解的一切。我从与我们共度大部分时光的动物开始，从那些随处可见的动物开始。我开始调查刺猬、青蛙、狗、鸭子、马、轮虫、花园里的蜘蛛等动物日常的性生活。在这些调查中，我着了魔。我进行了更深入的研究，发现萤火虫、鼻涕虫、螨虫以及蝾螈等每一种生物的性爱故事都是早该讲述的。每一种生物都是了不起的性感尤物，每一种都能让我们驻足静立，把藤壶、狮子忘得干干净净，把所有注意力放在它们性爱的方式上。它们向我们展现了生命的真谛。

性又变得有趣了。自然选择喜欢解决问题（也喜欢制造新问题）；所有动物是如何发现性并进行性交的，这个问题值得我们倾情关注，而不是仅仅愉快地点点头并眨一下眼睛就过了。所以，本书中其他的动物，还有那些落选者，就像我，都喜欢自己狂野、激情、猛烈而迅速的性，呃，当然还有比较正常的性，因为在这类日常的性事中也有美感。当我浏览文献并与科学家们交谈时，实际上我心里的想法是，地球上性的故事并不仅呈现为新闻头条报道就完了，也不仅是酒吧里应景的谈资和粗俗的黄色笑话，而是日复一日、年复一年，贯穿于整个化石记录中的。

此刻你也许有一个亟待解答的问题。你也许会喊起来："不过，有谁在乎呢？""难道那不都是性吗？"好吧，是的，相当一部分是。但是我猜想，了解并理解动物性生活的普遍性也许有某些价值，尤其是如果我们想要寻找一个方案来为我们的子孙后代拯救丰富的生物多样性的话。这是我在本书后面谈及的：关于性的知识对于环境保护是必不可少的。大熊猫是卓越典型的例子（在那方面，植绞蛛也一样）。因为这是活着的快乐时光，我们有职责去尝试并让其保持那种方式。性使得这种荣耀延续，在几乎一切生物中延续（除了第七章中那些令人生厌的轮虫）。对应于每一头看守着一群妻妾的结实的象海豹，就有一个雌雄同体的鼻涕虫在狗屎上会聚，或几乎绝种的蜘蛛受到鼓舞，在人家的厨房里交配。这就是故事的看点。大熊猫嗅嗅一块木头，蟾蜍安全地穿过公路去寻找它的祖先产卵的池塘，海豚温柔地嘘骂它的密友，狗拱起背，每一次成功的交配，都值得惊叹、敬畏、盛赞和进一步的研究，也都值得列入本书。

写这本书时，我非常愉悦。有些时候，作为一个人，待在动物中间，我觉得可以描绘为接近深深的幸福、亲密和温暖的时刻。流行的咆哮着的紫头魔鬼和接近"高潮脸"的恶魔的背景幕布前，有关爱、温柔，还有——我是否可以说——还有爱情？（当然，这是最后一章涉及的话题。）不论故事是什么，满纸满页都是为了那些大熊猫，它们坐在那里，被人误解了，从未因它们纯粹的潜力或演化历史而得到称赞……若我们倾听了，观察了，比如说，只是偶尔把我们的脸扎到大熊猫的尿液里，提醒我们从动物交配的视角，而不是从人类自己的视角出发去看问题，那该多好。

这是关于地球上的性的故事，是献给甜甜和阳光的故事。如果你驻足花一会儿工夫，像一只大熊猫一样思考，它们的尿闻起来就很美妙了……

第一章　侏罗纪春宫园

　　《邮报》网络版的头条是《霸王龙的快感》(*The Joy of T. Rex*)*，紧随其后是"科学家展示恐龙如何交配"。我的胃口被吊起来了，我点击鼠标，一定要读读详情……

　　就像上百万其他读者一样，我被一篇有内涵的有关恐龙如何做爱（显然，是用爬背式体位）的"科学"故事深深地吸引了。用文中引用的研究人员的话说："所有的恐龙使用同样的基本体位交配，""雄性从后面爬背，把前肢放在雌性的肩膀上，抬起后肢跨在她的背上，把尾巴缠到她尾巴下面。"文章在快结尾的地方引用了这句话，坦白说，我不确定是否有人理解。其他读者有可能和我一样，思维被电脑渲染过的表现恐龙交配的色情图集给框定了。

　　上面个头较大的，是一只雄性霸王龙，嗯——该如何描述呢？——他正努力从后面爬到雌性身上。她似乎被他的体重给压住了，制服了，唯有等待一切结束。当他插入她的身体后部时，他的脸让我稍微有点忧虑——这位"科学"插图画家似乎赋予了雄性霸王龙一抹露齿一笑的恶

＊ *T. rex*，中文名为"君王暴龙"。

意的笑容——他的脸上微微浮现出精神病患者的笑容；他正处于发狂的边缘，怪异地舞动着。他的头朝她伸过去，他插入的时候，魔鬼一般地盯着她的眼睛。这画面让我觉得有点不舒服，我过去没有意识到雄性恐龙会厌恶雌性。有一点是肯定的，她是被动的，在忍受他的冲撞，她半闭着眼睛，下颌微微紧锁，看起来在接受命运的安排，好凶险。

文章中杂乱地插入了几幅类似的插画，两只蜥脚类动物在水中笨拙地跳着，雄性从雌性身后爬背，迫使她的尾巴甩到一边，他的头向后甩，带着一种狂野的愤怒。她脸上的表情是表示她厌倦了吗？还有，为什么他如此愤怒？在下一张图中，一只雄性五角龙跨在一只雌性五角龙身上，露出一副"高潮的表情"，满脸 20 世纪 80 年代色情杂志封底的痕迹。这些毫无疑问是人类的表情，我也并不是第一个评价说那些科学插图画家也许是勃起的男人。

一篇科学调查文章，居然如此草率、有失严谨。"这个动作涉及的生理挑战一定很大，"文章紧接着报道说，"据估计霸王龙的阴茎大约长 12 英尺。"

等等……什么？12 英尺？超过 3.5 米？在没有任何人发现过一块化石的情况下，这样的说法非常古怪。阴茎里面没有骨头，肌肉松弛、充满液体，在正常条件下，大多数动物的阴茎都太软，因而无法形成化石。我们怎么知道这只恐龙的阴茎长 12 英尺呢？像这样的数据不过是基于拙劣的外推法，从恐龙的现代亲缘物种，如鳄鱼外推而来，仅此而已。我们知道恐龙的后裔——也就是鸟类——拥有阴茎（尽管鸟类族谱上有许多分支失去了阴茎），它们的许多爬行类亲属也是如此。因此，这种想法就产生了：雄性恐龙有阴茎。12 英尺长的阴茎是有根据的猜测，仅此而已。然而，在这里却几乎被当作事实来报道。我有时候会想，承认我们还不太了解某事，也许是有价值的，不是吗？谜团本身让人激动，而探讨恐龙的性这个谜团，更是如此。

那年12月底，这篇流传极广的文章逼得我不得不著文反驳。毕竟，性并不全与阴茎有关。性不仅是器官和一堆色情明星画。别误会我的意思，像身边的男人、女人一样，我喜欢想象恐龙的性器官。我想去挖化石。我只是还没准备好投身于这样的一个世界——在这个世界里，我们假装知道暴龙勃起的阴茎有多长。化石能告诉我们更多有关繁殖的信息，多得超出你的想象。它们很古老，它们向我们讲述古代的性，所以，它们似乎是我们探寻地球上的性的旅程的有利起点。

化石让我惊叹不已，向来就是这样。尽管我完全是个业余爱好者，但是它们提供的可能性吸引了我。每一次搜寻化石的旅程都充满各种可能——今天我会幸运地有所发现吗？我热爱搜寻化石。那些几百万年前的动物或植物死亡的独特方式，使它们能逃过腐化或自然分解，而被埋在古老的沙砾或淤泥中。这样，硬的碎屑（偶尔也有软的碎屑）就变成了化石。这些化石的碎片在地下尘封了数百万年后，被挖掘出来，握在灵长类的手中，被我们人族的眼睛注视着，用我们猿类的大脑处理和分析。沉浸在这样的思绪里，我想，每一块乃至所有化石都是偶发事件，每一块化石都是一种"五卡把戏"*，是一首颂歌，赞颂着数百万"洗牌手"和我们无法了解的逝去了的生命。

但是要发现向我们展示性或者性器官的化石，概率总是非常低，一

---

* 一种纸牌魔术。

直都是如此。因此，一位真正搜寻化石中蕴含的性信息的人，被迫另辟蹊径。在本章中，我希望给大家提供一些建议。你们应该像我一样，成为一个化石逆转录病毒，或潜在的化石逆转录病毒，或者只成为一个好奇的人类——对造就了生命的魔术感兴趣，或是喜欢让酒吧里的人捧腹大笑。*那么，就让我们开始吧。有关性以及动物承载的古代生命，化石能告诉我们什么？

* * *

当你有种冲动想让自己沉浸在原始世界里的时候，没有几个地方可以与莱斯特（Leicester）媲美。你会在那里狭窄的街道和破败的工厂之间的夹缝里找到新沃克博物馆和美术馆（New Walk Museum and Art Gallery），那就是世界上最古老的化石恰尼虫（*Charnia*）的家。

我偶尔喜欢去博物馆看它。我喜欢做"板凳队员"，坐在那里看一群群孩子像成群的八哥一样在展品之间穿梭。然而，仔细观察，你会注意到他们只是走马观花地从恰尼虫面前走过，毕竟，那是一件相当无聊的展品。我试着描述一下吧，这块化石有点像一片羽毛，底部有一个豌豆大小的座子。它的外观如此原始，实在无法提供任何拟人的评述。我渴望叫它"活泼的"或"邪恶的"，但它不适用于上述任何一个词：它仅

---

* 逆转录病毒一词原意指携带逆转录酶的病毒，它先侵入宿主细胞，以病毒核糖核酸（RNA）为模板，靠酶形成脱氧核糖核核酸（DNA）环化，然后合到宿主细胞的染色体中，以原病毒形式在宿主细胞中一代代传下去。此处，作者比喻要成为一个颠覆传统而对某个事物充满好奇心的人，并将好奇心传承到与某个领域相关的问题和现象中。

只是从古代海底冒出的复叶状体。这也许就是为什么它似乎被来博物馆的访客们忽视了。

但是，恰尼虫年代久远，请别忘记，它有5.6亿岁，而这正是它的魅力所在。20世纪50年代，它被当时还是一名小学生的罗杰·梅森（Roger Mason）发现并名噪一时。（尽管先前蒂娜·奈格斯 [Tina Negus] 也许观察过它，并至少在一年前向一位专业老师描述过它。）毫无争议，这块标本成为了已发现的化石中，先寒武纪前的第一块化石。它震撼了古生物学界。在此之前，人们曾经以为那个久远的年代要么没有生命，要么还不可能有生命形成化石。恰尼虫颠覆了我们的想法，它的发现曾是轰动一时的头条新闻。

在莱斯特设施优良的博物馆里，它伫立在灯光明亮的玻璃后，好似某种古代的卷轴。紧挨着这个展箱，旁边放置的展品更符合我的风格：这是你可以触摸的东西，（当四下无人的时候）你可以用脸在上面蹭、轻轻抚爱的东西。这是一面由5.6亿年前的化石复制品组成的海底墙，化石排列得像一块挂在墙上的巨大的灰色拼图。这是一个古代世界，一张前寒武纪的挂毯。用你的手在上面抚摸，你可以感觉到它的轮廓、材质，这是由动物生命之树构成的世界，正如我们所了解的，它不只是脆弱的、慢慢展开的茎。

羽毛状细绳的旋涡团把变成化石的场景弄得像星系，点缀着圆形的块状物，好似巨大的行星。那块板告诉我，这些要么是硬化了的、正在腐烂的恰尼虫般的生物残骸，要么是藻类垫子。墙的顶部有一个巨大的火山口般的环，大小如一张比萨饼。它像一个超级巨大的黑洞，看起来好像在吸收剩余的星系残骸。我最喜欢这个，很大程度上因为没人真正知道它到底是什么。几乎可以肯定这环形的部分是一个底座，但是剩下的呢？是动物？矿物？植物？诸如此类的问题让研究前寒武纪的科学家们彻夜难眠。

整面化石墙让我们看到的是缺乏活泼跃动的生物，它们不像种子萌发那样动人心弦，也不能用充满奔跑动力或是温暖、窘迫、悲伤的词语来描绘。说句不中听的，哎，就像我先前说过的：它们仅只是看起来有点枯燥无聊的生命吗？

如果说似乎有一样东西把所有这些生命联系在一起，我认为那就是它们紧密相连的根。这些生物是先驱者，掌控地球的大师们，那时它们就在海底紧紧相依。自然选择似乎已经倾注全力来把那紧密相连的根的纽带调到最恰当的位置，**彻头彻尾地完美**，接着才开始调试剩下的机能。而且，正是它们缺乏运动能力这一点让我觉得不可思议。对于这些生物来说，至少对于这个阶段的生命来说，运动似乎还不是多么重要的机能。对于它们来说难以想象的反而是，我们要耗费许多精力才能像它们那样静静地待着，如果它们有能力表达思想的话，它们会怎么评价我们的胳膊、翅膀，还有我们的腿？（看呐！晃来晃去的东西！）

然而，古老如斯、相异如斯的生物也许也有性。是的，性交。或者至少我们认为它们性交。听起来很神奇，天哪，这的确是件神奇的事情。当然，没有插入的动作和弓起的身体，但是，很有可能有性事。众所周知，这些都是基本常识：精子与卵子结合，形成受精卵，延续后代并继续这个过程——性（至少每几代重复一次）。

芙尼西亚·朵萝西绳虫（*Funisia dorothea*）就是这种早期的性－化石的例子。它是一种直立的、软体毛虫状的动物，看起来有点像一段

　　　　　　　　地球上的性——动物繁殖那些事

绳子。它之所以受人崇敬，是因为在某种程度上可以说，是的，它是最早有交配行为的动物。我们怎么能如此确定呢？你也许想象我们挖掘出了几百件处于交配过程中的动物化石，但是没有，还从来没有发现过那样的东西。然而，我们从"小鱼"（sprats）身上了解它们的性生活。这些"小鱼"是芙尼西亚·朵萝西绳虫的幼体。在化石中，它们通常以成串的状态出现，每一串里包含成群同样尺寸和年龄段的个体，这听起来似乎与性无关，除非我们就像确切看见现代的珊瑚和船蛆等动物的性行为一样，目睹它们在一年中某个确定时段的夜晚，将精子和卵子广泛地播撒到水里。受精卵沉到水柱的底部，碰到地面，生长并变、变、变，变成鲱鱼。这是性的产物。它们有点像性的痕迹化石，类似于脚印或粪便。而且它们是在这些早期海洋中发生性事的最早证据。失望吗？你希望我提供一块有两条虫子的化石，它们首尾相连，享受着生命结束前的最后春宵？我不愿让你们失望，但是，这样的化石几乎不存在。

屈指可数的几个交配中的动物得以在化石中保存下来。在这些化石中最著名的是生动活泼的古海龟（*Allaeochelys crassesculpta*），它们来自德国著名的梅塞尔化石床（Messel Shale beds）。2012 年人们对其进行了最全面的描述，第一眼看上去，这些化石有一点像相互摩擦的环形星云，看得稍微仔细一点，你可以分辨出一支鳍，再仔细点，就在那里了，你可以看到一只乌龟，牢牢地和另一只乌龟连接在一起。就好像看那些年代久远的幻灯片，盯着看得够久，你就终于看到了：感谢上帝，有两只在做爱的乌龟。这与交配中断相反，一种永恒的结合被定格在岩石中，但它仅只为我们和科学家们提供了娱乐。这对古乌龟生动活泼地吸引了全世界媒体的想象力，很大程度上是因为这类记载脊椎动物行为的化石非常稀罕。

非脊椎动物的性爱在化石记录里的证据只是略微更普遍一点。非脊椎动物古生物学家已经发现了总共 33 个化石中的性爱行为——许多被永远保存在了"琥珀墓"中，对于科学家们来说，这些相对容易研究。古代非脊椎动物性爱的新例子的确时不时地出现。2013 年，一个 10 岁的男孩在牛津大学自然博物馆（Oxford University's Museum of Natural History）举办的"展示分享环节"上挖到了金，他给博物馆的专家们带来一块在康沃尔（Cornwall）度假时发现的未知化石，而他从参加活动的科学家们那里得到的答案是：那片厚厚的古代陶土上留下的一对鲎四处疾跑、纠缠、痛苦挣扎的足迹，表明它们可能是在交配。已知最古老的鲎化石可以追溯到至少 4.55 亿年前，它为古代性的起源提供了另一条线索。不可思议的是，就在我撰写本章的前一天，另一块包含性的信息的化石出现了：两只沫蝉，保存在来自中国的一大片侏罗纪岩石里。它们显现出来的所有企图与目的一览无遗，就好像它们正拥抱在一起——这块化石保存了相当多的细节。

除了少数几块有趣的化石鱼（其中有一条鲨鱼，头顶上伸出车把状的东西，身上有疑似交配的痕迹或咬痕），就没别的了。化石记录中性的证据如此稀少，我们能确定确有其事吗？这是个显而易见的问题，但是，我猜测我们没有理由质疑。在 1963 年出版的《古生态学原理》中，古生物学家戴里克·艾爵（Derek Ager）写道："饱餐之后，现代动物中最广泛流行的行为就是考虑性事，没理由假设，在弗洛伊德之前几百万年，尚不存在这种被人视为龌龊的念头。"这是一句有用的引言，我只想补充的是：如果动物生命可以被看作家族树，性几乎广泛地出现在每一根外围末枝上。我们只需看看今天生活在我们周遭、痴迷于性的动物，它们生活在每一个角落；性，一定在最古老的那根枝条上，抑或根本就在家族树的根上，因为它是如此普遍。它一定就在那儿，确切的细节依然隐藏在时间幕布的后面。也许永远隐藏在那里？鼓舞人心的是，答案是不！因为还有其他方法去了解古代的性。

就在这个节骨眼上，在我最初踏上探索动物之性的旅程的那个冬月里，我想，花几个小时逛逛伦敦水晶宫著名的恐龙公园的曲径会是个好主意。很庆幸我去了。

从水晶宫门口步行几分钟就到了恐龙公园。那是个超棒的地方，它就像维多利亚式的侏罗纪公园，是那种你一生中必须去一次的地方。如果你还从来没去过，我恳请你去一次。感觉有点像"疯狂高尔夫球场"，里面有曲径通幽的小径，精心修剪的树，规整且铲除了杂草的花床，还有一个类似"疯狂高尔夫球场"那样的隔离带。新奇之处在于站在你身边的角色：斑龙（*Megalosaurus*）、鱼龙（*Ichthyosaurus*）、禽龙（*Iguanodon*）、沧龙（*Mosasaurus*），它们像动画一样，从球场边线看着你。从入口到公园，你可以看到它们从树顶上冒出精雕细琢的白色身影。你甚至可以分辨出它们的一些表情，狐疑的、残暴的、粗犷的、狂野的、暴怒的，这些都是维多利亚时代的思想家基于当时通过化石获取的少得可怜的证据所能想象出的表情。

与莱斯特新沃克博物馆和馆藏的恰尼虫一道，水晶宫的恐龙在我心中占据特殊的位置，它是一道通向我童年的大门。我11岁的时候，带着我的第一台相机（用购买"大白面包"返还的代币券购来的），第一次来到这里。在我第一本相册里四四方方的照片上，我和家人在每一个威猛的野兽前摆造型：老爸梳着高耸的中分头，老妈戴着好大的耳环，我哥哥穿着多件牛仔叠穿的时尚装，我姐姐一脸"小孩子才喜欢这个"的表情，还有我，家里最小的一个。每张照片里，我都在一个白色的怪兽前摆造型，就像穿着比基尼的模特横躺在廉价跑车的发动机盖上。在 20 世纪 80 年代的照片里，你可以看到那些恐龙变得多么破烂了（现在它们已经修葺一新）。它们苍白的、爬满地衣的脸从恣意生长的常青藤和树莓中探出来，像坍塌了的教堂里跑出来的怪物，但是，我的脸在每一座恐龙雕塑前熠熠生辉，我当时处于狂爱恐龙期。

到底为什么我们常常看到小孩子有如此爱好恐龙的阶段？这个问题总让我迷惑不解。大众流行的观念认为小孩子因各种各样的原因喜爱恐龙，而所有原因（据我所知）均未得到验证。也许因为恐龙体现出一个怪兽最可怕、吓人的特征，但又可以通过古代安全护目镜观看？也许因为恐龙是大多数成年人的知识领域中知之甚少的一部分，而在这个领域中，年轻人可以凌驾于父母、兄弟姐妹和同龄人之上，行使某些早期的权威？我最近听到的第三种理论是，在某种程度上，恐龙代表成年权威，孩子出于一系列复杂的感情而被吸引，其中包括对父母的崇拜，对安全感和对占据主导地位的首领的爱。我为什么那么喜爱这些巨型的陶土模型？对于我来说，是一种想要靠近它们的力量，或者从有关恐龙的图画、书籍中搜集来的不同视角的信息和由此产生的想象，让这些怪兽变得真实。我也许永远不会亲身碰到真正的飞碟，但是，也许——仅只是也许——我有可能成为挖到一块新化石的那个人，并以我的名字命名一种新的恐龙。恐龙就在那里，只要我们有挖掘工具以及会思考的大脑，我们所有人都有（现在依然有）潜力成为挖到恐龙的先驱（天哪，这个想法至今依然让我兴奋不已）。

水晶宫的恐龙们现在修复后，吸引了一群狂热的追随者。也许是因为对它们有一种纯真无邪的感情，我们现在知道，各种姿态、尺寸以及整体姿态，大部分都大错特错，但是，对于维多利亚时代的人，它们曾经是对的，至少就他们手头掌握的资料而言是对的。听起来很滑稽，但这里真的曾经是水平最高的地方，维多利亚时期的这次展览，向世界展示了科学家们发现的人类到来之前的那个世界。这也许是科学第一次庆祝它的成就——以事实为基础向公众讲述故事，就像宗教或神话所能想到的那样具有魔力。这个公园大部分是理查德·欧文（Richard Owen）的作品，他因给恐龙命名而出名。1854年他的"恐龙园"（Dinosaur Court）开放，本杰明·沃特豪斯·霍金斯（Benjamin Waterhouse Hawkins）的建模技巧让恐龙得以真实呈现。本杰明是一位兼具米开朗琪罗（Michelangelo）的手和理查德·布兰森（Richard Branson）的企业家精神（可能还有企业家的自负）的维多利亚时代的人。*

尽管这两位当时受到了赞誉，但是最终，这些陶土模型成了达尔文的见证，而不是他们两位的见证。这些模型符合达尔文设想的著名纲领，而不是欧文的理论。在《物种起源》于那个年代发表之后，达尔文的理论解释了恐龙可能来自何处，并解释了它们为什么会出现。道理很简单，自然选择借助时间之手，起到了重要作用。在达尔文的世界中，这些生物——它们有宽阔的肩膀、长长的牙齿和怪兽的面容——是欠考虑的手雕琢出来，又经过选择幸存下来的（按照基因学家史蒂

---

* 本杰明·沃特豪斯·霍金斯是英国雕刻家与博物学艺术家，理查德·布兰森是英国亿万富翁。

夫·琼斯 [Steve Jones] 的说法，这是"一系列成功的错误"）。它们不是上帝选择的，也不是任何东西选择的，它们只是突然出现了，过完一生，接着，不因自身的原因，它们蹒跚地离开了这个尘世，撇下我们，让剩下的物种去适应并开拓新的时代，开启新的篇章，也就是哺乳动物的时代（这还只是一小部分，更宏伟的是线虫的时代）。

亲身在这些维多利亚时代的庞大的怪物间漫步是相当美妙的体验，我很享受在那里的时光。我走进阳光投下的斑驳光影中，又走出来，从我身边左右经过的是婴儿车和慢跑者，他们在欧文和霍金斯朴素的作品前驻足、逗留、思索、咯咯地笑。如果你是抱着"长官，我只是来这里看恐龙的性"的想法来的话，你也许会失望。没有一只恐龙被雕琢成交合的姿势，这一点都不奇怪，这些是维多利亚时代的作品，那时的人哪怕看到狒狒的臀部，都足以吓得两腿发软。因此，在这家公园里，每一个庞大的爬行动物的腹股沟都光滑得像弹子球，没有肿胀的性皮，没有阴茎，没有性高潮时的表情，什么也没有。这些维多利亚时代的雕塑都是无性别特征的恐龙，没有明显的雄性或雌性特征。

但是，公园里有一群能让观察者分辨出雌雄的生物，它们不是恐龙。穿过公园，绕到湖的后面，朝着爱尔兰麋鹿（又名大角鹿）走，那里有性的气味。至少是性二型性（sexual dimorphism）的 *。朝着大湖的湖岸线走过去，你可以看到它们。一座雕塑骄傲地站在一块巨石上，他庞大而分叉的鹿角高高地从头顶伸出，好似一条精心制作的头巾。他的

---

* 性二型性是生物学术语，在雌雄异体的有性生物中，反映身体结构和功能特征的某些变量在两性之间常常出现固有的和明显的差别，使得人们能够以此为根据判断一个个体的性别，这种现象被称为性二型。

颅骨框架如此之大，看起来好像顶着一颗俄罗斯卫星。肌肉结实的躯干上满是蛞蝓活动留下的痕迹，但，粉色和黄色的地衣给他风蚀的形体增添了一些丰富的色彩。继续往前看，那边，在这个显然是雄鹿的雕像旁边，躺着一头雌鹿。她没有分叉的鹿角，稍显柔弱的眼睛像迪士尼动画中的角色。他们中间还站着一只麋鹿宝宝，它还太年幼，无法判断性别。这些雕塑极好地体现了性二型性。从这些动物的骨头和毛发的特点可以判断性别，不过，有人正要拆毁这些做得不错的动物雕像。

爱尔兰麋鹿既不属于爱尔兰也不是麋鹿，而是鹿，一种超级大的鹿。它们中间个头最大的，实际肩高超过 2 米（6 英尺 6 英寸），鹿角两个尖端之间相距 12 英尺（或者，如果你愿意，可以说相当于霸王龙阴茎的长度）。人们认为爱尔兰麋鹿在 8000 多年前已经灭绝了，灭绝的原因至今很大程度上依然是猜测。水晶宫的雄鹿雄赳赳地站立着，它标志着一个自达尔文时代起就基本没有改变的理论，毫无疑问，那是达尔文的第二大假定：性选择理论。

《物种起源》出版之后，达尔文无所不包的自然选择理论很快被普及为捕食者、猎物与竞争者之间的殊死搏斗（丁尼生 [Tennyson] 曾生动地描述为"红牙血爪的战斗"）。然而，在某种程度上，这一切在达尔文看来都不对。鹿角，似乎并不是用来战斗的。当时一致的意见是，就一切意图和目的来说，鹿角都是强大的武器。但是，达尔文无法解释的事实是，这些鹿角很大，太大了。对雄鹿来说，这整个物件似乎成本太高（要消耗很多身体能量才能长出鹿角，而且，每年还要脱落）。庞大的鹿角，在达尔文看来缺点太多，太浪费了。这个问题让他困扰。需要重新整理思路。

1871 年，达尔文发表了《人类的由来》，在书中，他提到了诸如大得惊人的鹿角这类适应性特征，接着提出了另一个也许能够解释其缘由的理论。尽管这本书没有《物种起源》那样经久不衰，但书中提出了这样的观点：动物的角，不是用来杀死掠食者或者吓走同类的武器，而很可能是雄性向雌性"展示"其"品质"（适应性）的一种（更为常用的）可行方法。他写道："如果角像古代骑士华丽的装备一样，为牡鹿和羚羊增加高贵的气质，那么，它们也许部分会为了这个目的而修饰这些角。"

　　达尔文击中了要害，有证据表明，他是第一个看到，通过选择，雌性可以驱动雄性特征演化。他的性选择理论诞生了，性选择是一种演化形式，能够疯狂地夸张身体的形态，扭曲行为。这种演化形式的驱动力是繁殖上的成功，而不是单纯的生存；由此形成荒诞的鹿角、装饰物、角、鬃毛、下颌、象牙，诸如此类。这个过程不仅限于雄性或雌性，但是通常可能造成荒谬的效果。我所谓"荒谬"，指的自然就是孔雀。

　　据说老虎闲逛到雄孔雀面前，用大爪子把它们按在地上，然后，像享受鸡尾酒开胃红肠一样静静地把它们吃掉。孔雀演化出来的腿就好像装饰华丽而俗气的残腿，完全不能用于逃脱被捕获的噩运。但是，哎呀呀，看哪，在阳光下它是多么夺目亮丽。只有性选择才能产生这样的魔力。达尔文开始将一些雌性物种，尤其是雌麋鹿和雌孔雀，视为演化的驱动者，而不是谨小慎微、傻呆呆地站在一旁观看雄性打斗的陪衬。这的确是具有变革意义的。这是一种雌性选择行为（尽管这会发生在任意性别身上，或同时发生在两种性别身上），而达尔文是第一个为此现象命名的人。尽管这个理论并不完善——科学家们仍在继续辩论性选择的某

　　　　　　　　　　　地球上的性——动物繁殖那些事

些方面背后确切的机制，但是从达尔文时代起，这个理论就相对稳定地确立下来。爱尔兰麋鹿头顶像闪电一样巨大而威力无比的鹿角，只是冰山一角。去水晶宫的恐龙公园看看吧，怀着崇敬的心情去。

性选择在雄性身上起作用，给雄性装备击退竞争者并获得雌性的武器，这个想法在当时得到了广泛接受。这个理论解释了同性（通常是雄性）个体之间大量孔武有力的适应性特征，包括结实的象海豹、鹿角虫、杆状眼蝇、羊角实蝇（*Phytalmia mouldsi*）、蛇（包括蝰蛇）、巨角塔尔羊、羚羊、西部大猩猩，甚至还有长颈鹿，它们可能都演化出了抗击或者至少是吓唬其他雄性的特征。达尔文那个时代的人相信这一点。但是，雌性会像鸽子一样顺从，选择她们"喜欢"的特征，选择"最引人注目"的雄性吗？这个想法在很多人看来很滑稽，这部分理论并没有赢得支持。雌性孔雀怎么可能"选择"配偶？大脑小如孔雀的生物怎么可能"喜欢"或者"偏好"某个雄性呢？你确定她不会吗？阿尔弗雷德·罗素·华莱士（Alfred Russel Wallace，自然选择演化理论的共同提出者）对于整件事情抱有众所周知的畏缩不前的态度。他认为这个理论很可笑，并转而赞成雄性颜色更亮丽不是为了取悦雌性，而是因为它们在繁殖期间"精力格外充沛"的观念（是的，你没看错）。不必说，花了很长时间，雌性选择（现在叫"交配选择"）这个概念才在生物学家中赢得支持。演化生物学家迈克尔·瑞安（Michael Ryan）在最近一期《国家地理》上发表的文章称，在 20 世纪 60 年代到 70 年代，这个想法依然受到嘲笑。

那些嘲笑大错特错了。现在人们已经知道，有一大群健康而且经过反复研究的生物能证明"交配选择"理论。这些生物包括剑尾鱼、母鸡、蟋蟀、老鼠、园丁鸟、孔雀鱼、狼蛛、信天翁、织巢鸟、狮子、苍鹰、寡妇鸟、小海雀、娇鹟，以及许许多多很可能成千上万的例子。数量太多了，以至于科学家们做的研究还称不上粗浅的研究。

在《人类的由来》中，达尔文写道："性的斗争有两种，一种是在同性个体之间，通常是在雄性之间，为了赶走或者杀死竞争者而产生的……而另一种，同样是在同性个体间，为了让异性兴奋或者吸引异性而产生的。"性会趋使你去买花，或是买火焰喷射器，这取决于性选择。象海豹在繁殖海滩上竞争很强，性选择青睐体形大且笨重的海洋掠食者。在茂密的森林中，性选择在日本树莺和紫冠细尾鹩莺的声音上发挥作用。在鹦鹉身上，性选择在羽毛上发挥功效。鹿角虫则体现在角上。在长颈鹿身上，性选择也许在脖子上下了功夫（长颈更有利于把对手击倒在地）。这很重要，性的确很重要，因为从演化的角度来说，没有性的生存是无意义的。对地球上大多数生物来说，有性生存是唯一的游戏法则。

因此，我们必须停下来喘口气，至少一会儿。在本书第一章中，我被化石吸引是有理由的；并不仅仅因为我在冬天开始写作，那个时候，性很大程度上处于蛰伏期。我被化石吸引，主要是因为通过它们，我们似乎可以开始理解一个关键的原理。性不仅是动物们做的事情，对动物的外形和行为起作用；数百万年来，性也在我们身上起作用。太多时候我们认为性是一种生理行为，但实际上不止于此。性书写在我们的身体上，在形态上，在骨头里，在化石坚硬的碎片上。当然，我们不大可能随时发现重要的化石，但是，有一整片充满了生物的性特征的化石岩床等着一双敏锐的眼睛去扫视，或等着有人经过深思熟虑后提出正确的科学问题。

这是性科学的许多前沿领域之一。有关性的故事，通过科普作家戴夫·洪恩（Dave Hone，《卫报》的博客写手）、戴润·奈什（Darren Naish，《科学美国人》撰稿人）和布莱恩·斯维特克（Brian Switek，《美国国家地理》撰稿人）的述说流传开来。这群人以及他们的同行查阅了恐龙书籍和杂志，并在各处看到了性。他们不仅考察飞翔的无齿翼龙（*Pteranodon*）并思考它运动中的空气动力学机制，而且观察它头顶伸出的像女巫帽子似的巨大冠状物，猜想这是属于雄性的还是雌性的。他们不去争辩剑龙（*Stegosaurus*）是否用它沿着背脊生长的大骨板当保护，而是揣测这些背板是否用于传递性的信息。还有三角龙（*Triceratops*）脖子上大大的褶边呢？他们想："天哪，那个褶边可以做个超赞的广告牌。"鸭嘴龙招摇的大冠呢？就是为了发出发情期的叫声吗？是的，有一块漂亮的赖氏龙（*Lambeosaurus*，又称兰伯龙）的化石，显示出的头冠细节足以让我们确定它具有发声的特性。有多少恐龙像它们的后裔鸟类一样会唱歌？也许很多。这是一个奇妙而充满信息的新世界，不过，哪里都找不到关于阴茎尺寸的蛛丝马迹。有一些关于性的传说，对其他各方面，从羽毛到冠，再到坚硬耐战的颅以及惊人的身体艺术，换言之，有性生物身上演化出的一整套行头，都提出了假说，询问了一些关于性的大问题。这有可能是个令人激动的年代。

让我们回到白垩纪大屠杀中轰动一时的案例——霸王龙。我们也许永远不知道它们（雄性或雌性）生殖器官的尺寸，但是，我们可以确定它们性生活的一些细节。请给我一点时间讨论一下。

尽管只研究了大约 50 个霸王龙的化石标本（时间跨度约 200 万

年），但是可以说，关于它的猜测是最多的。实际上，霸王龙大名鼎鼎，很难想象世界上没有它会怎么样。霸王龙于 1892 年首次被著名的古生物学家爱德华·德林克·科普（Edward Drinker Cope）发现，1905 年正式命名为"残暴的蜥蜴王"（tyrant lizard king，可惜发现的时间太晚了，所以在欧文的恐龙公园里没有霸王龙的雕像）。之后，著名的霸王龙头骨出现了，像一种"死亡象征"（memento mori）一样，在世世代代的流行文化中被用来指称恐龙。像头版头条的凯特·米德尔顿（Kate Middleton）一样，你只要在流行文化中提到一个"霸"字，就会有源源不断的关注者（恐龙阴茎的故事将这一点体现得淋漓尽致）。那就让我们来看一些有关霸王龙的简单事实吧：12 米（40 英尺）长，4 米（13 英尺）高，头部在尺寸上有如一张婴儿床，胳膊像小婴儿的身体那么长，牙齿像小婴儿的胳膊那么长。每一块化石都是珍贵的发现，但是基本上，在世界上迄今为止发现的体形最大、最凶猛的陆生食肉动物中，霸王龙吸引了许多科学家的注意（这还只是个低调的说法）。

经过 20 世纪，多亏那些科学家的思考，我们对恐龙的行动、举止有了新的看法。确实不可思议。众所周知，我们曾经认为霸王龙趾高气扬而笨拙地行走，就好像穿着累赘戏装的男人，拖着尾巴逍遥地穿过东京的大街，而我们现在认为它们是步伐稳健、行动敏捷的家伙，走动时尾巴高高抬起。我们曾一度想象它们以尸体为食，而现在大多数科学家认为它们既是捕食者又是食腐动物，很像一群现代的鬣狗。令人难以置信，霸王龙的确一直是科学家们细致研究的对象。如果你在谷歌学术里键入"霸王龙"，大约会出来 13,000 多个结果，而键入任何别的恐龙的名称呢？如果幸运的话，会有 2000 个吧。霸王龙是个特例，然而，

　　　　　　　　　地球上的性——动物繁殖那些事

我们现在才刚刚开始了解它的性生活。

例如，仅仅是在最近，我们才建立起一种万无一失的方法来分辨化石中的霸王龙是雌性还是雄性。这发生在 2000 年，杰克·霍纳（Jack Horner）和他的团队发现化石骨架后，他们发现那不是 1 个而是 5 个霸王龙的骨架。其中有一个被卡在悬崖上方 6 米多高的地方，这是常见的现象。人们发现，这个被命名为鲍勃暴龙（*B. rex*）的霸王龙骨架，根本难以从岩石里取出来。它太重了，租来的直升机无法拉载，因此，最后不得不把一根长腿骨截为两段以便运输。这是确定恐龙性别的故事中关键的时刻，因为，这样做使得恐龙软组织微观研究的专家玛丽·施魏策尔（Mary Schweitzer）获得了从恐龙化石骨头中发现的好东西。分析这根腿骨化石里的化石骨头软组织碎片的时候，她发现了非同凡响的东西：一层看起来奇怪的叫作髓骨的组织。髓骨是个重要的发现，因为人们在鸟类身上也发现了这种组织。雌鸟后肢长骨腔里会有这种物质堆积，这就像一个储存了丰富钙质的区域，为蛋壳形成提供所需的钙质。换言之，这是雌性的特征。所以，鲍勃暴龙是一只雌性暴龙，第一只为人所知的有性别的恐龙。科学上有了一个新方法来弄清楚保存最好的恐龙化石骨架是雌性的还是雄性的（或者，至少在产卵过程中是雌性的）。

现在，这种用于确定恐龙性别的新技术，可以与从其他恐龙化石中慢慢收集到的其他生活史细节结合起来。通过检测这些化石的年轮（有点像树的年轮）并寻找髓骨，科学家们可以算出恐龙在哪个年龄阶段开始有性别特征。这个简单的方法创造了奇迹，让我们增长了关于恐龙性生活的知识。结果呢？正如布莱恩·斯维特克（Brain Switek）在他的杰作《我心爱的雷龙》（*My Beloved Brontosaurus*）中所说："恐龙的一生过得很快，很年轻就死了。那些恐龙全是早熟妈妈。"

我们花了很长时间才有了这些了解，但是至少我们终于看到，性书写在一些古代生命的骨头里，而且我们有了鲍勃暴龙。这多亏了那面峭壁，以及诸如玛丽·施魏策尔这样的古生物学家敏锐的眼睛和令人惊叹的微观研究技术。

并非所有霸王龙的形态特征都需要这类魔法般的技术或专业分析来揭示其背后隐藏的性生活。那些无价值的胳膊，会不会和性有关呢？它们无疑很特别，哪怕最大的也不比蹒跚学步的小孩子的胳膊长多少（继续说毫无抵抗能力的小婴儿和饥饿恐龙的话题），这些胳膊太小了。真的小得可笑。它们会是达尔文理论所说的性选择的产物吗？听起来很可笑，但是，过去曾经有科学家严肃地提出这个想法。亨利·奥斯本（Henry Osborn），1905 年正式为霸王龙命名的人，猜测它们可能"具有某些功能，有可能是交配过程中用于抓握的器官"。然而，其他人的观点也许更有说服力，那就是这些小胳膊不过是因无用而退化的四肢，远古史祖的痕迹（很像我们小小的原始尾巴：尾骨）。

但是，有关这些小胳膊的论点正浮出水面，这个论点把霸王龙拉回了性的领域。这些弱弱的胳膊有可能是为了表演吗？一些科学家被这样的论点吸引：霸王龙以它们昂首阔步的姿态增加气场，非常像现在鸵鸟使用翅膀的情形——求偶过程中，围着一个潜在交配对象转，扇动、拍打翅膀。这也许可以解释为什么这些骨骼常常出现骨折或损坏。还有，也许霸王龙的四肢上也长着羽毛——当然，这是古生物学家最新也最具有分歧的争论点。将近一个世纪，霸王龙的艺术形象都是身披鳞甲、皮肤干燥，但是，最近在中国发现的化石显示：至少它们的一些近亲身上覆盖着一层细软的绒羽，一些古生物学家认为这可能是为了用于表演（或是后来为了表演功能而经过了性选择的修正）。的确，至少有的恐龙拥有比我们想象中更加丰富多彩的形象。性选择也许——至少有时候——起到了作用。

自 2010 年起，化石的颜色揭示了前所未有的丰富信息，这主要是通过在化石化了的羽毛表面搜寻黑色素体结构。黑色素体是微小的颜料包，每一个都有与它显现出的颜色相对应的形状和尺寸。通过观察保存完好的化石中这些黑色素体出现的频率，科学家们现在正在慢慢地重新构想古生物的色彩调色板。结果呢？有的古代鸟类有彩虹的光泽，有的则带有单色的条纹。

对保存尤其完好的赫氏近鸟龙（*Anchiornis*，乌鸦大小的四翼恐龙，体现出现代鸟类的一些特征）标本进行全面的黑色素体检测，显示出它具有长长的白色飞行羽，尖端带有黑色，头顶冒出一簇姜黄色的羽毛，看上去有点像头戴草帽的喜鹊。听起来性感吧？是的。那是因为这大概和性有关。

所以，也许霸王龙也有类似的盛装？也许。要下结论还太早，但是，它的家族史表明羽毛有其功能，而且，至少有某些选择优势。美国自然博物馆的马克·诺瑞尔（Mark Norell）说："关于霸王龙至少在其生命某个阶段有羽毛，我们掌握的证据，和用来证明像露西这样的更新纪灵长类动物有头发的证据一样少。"我们要用散发着性气息的颜色重新绘制侏罗纪公园里最凶猛的居民，这只是个时间问题。化石（没有任何一块是阴茎化石）将告诉我们事实真相。

因此，我们必须回到阴茎那里。很抱歉重提这个话题，但是，你会记得本章是从我抱怨那些 12 英尺的恐龙阴茎开始的。我试图用语言描绘一幅恐龙的性通俗图画——喘息、大叫、尖叫的高潮表情——但是性远远不止于此，我希望我已经设法趋近于勾勒出性影响动物及其演化的种种方法。

性塑造了我们，它塑造了我们大家，也许在一些小的方面塑造了我们身体的每一个部分；不论我们是否愿意，性体现在我们的骨头里、行为中、羽毛和脸上。我们都被性所触及。然而，直到最近，大概近 50 年左右，我们才开始理解威力无比的性对我们的生命以及地球上的生命史乃至一切事物的历史影响有多大。直到过去几十年，达尔文有关性的想法才被重新翻出来，严肃认真地对待；我发现那些想法让人兴奋。哪怕在这个科学的年代，我们依然是先驱。我们现在生活在一种科学上的性的革命的年代，如果作为基准的《人类的由来》出版于约 150 年后的今天，你也许会说，出版得正是时候。

我一边享受着在水晶宫闲逛的时光，一边为本章做调研。我在这些巨大而陈旧的恐龙、蛇颈龙、沧龙中漫步，驻足在古爱尔兰麋鹿艳丽头饰的影子里。这里是真正理解知识概念的地方，它让我们意识到最好是相信证据、化石，还有那些考察这些东西并探究其功能的科学家。我恳请你去吧，去逛逛那个公园，坐在长凳上，思考一下性。

想到我们的孩子们将贪婪地阅读恐龙书籍，我就激动不已。书中也许会有插图：恐龙跳舞、摔跤，展示让同类眼花缭乱的装饰，或用武器与兄弟交战。这些都是达尔文的理论，全都是地球的法则。一个与时间本身一样古老的故事，在我们周遭延续，但是，直到现在才被揭示。这是个多么神奇的地方，从这里开始探索性的旅程吧！

第二章　易怒的绿巨人

　　吃的东西，除了鲸脂还是鲸脂，他们用鲸油炸鲸脂吃，点鲸脂灯。他们的衣服和工具都被鲸油浸透了，烟尘染黑了他们，染黑了他们的睡袋、炊具、墙壁、屋顶，煤烟呛嗓子，熏红了他们的眼睛。

　　可怜的极地探险家乔治·莫里·李维克（George Murray Levick），一个多世纪以前，被人们弃之不理长达数月。当罗伯特·斯科特（Robert Falcon Scott）作为1911—1912年"特拉诺瓦号"远征的一员搜索南极地区的南部区域时，李维克是6名主要成员之一，他的任务是探索那个区域冰冻的腹地。在达成这个目标的过程中，他们遇到了困难。由于找不到安全返回的路线，他们无法回到"特拉诺瓦号"上，人们也无法穿过浮冰块去营救他们。他们被困住了。他们除了缩在洞里别无他法（真的是洞，他们在一个叫作"难言岛"的地方发现了一个冰洞），他们在里面等啊等，一直等到春天，海上冰块消融，"特拉诺瓦号"就可以来接他们了。鲸脂是当时他们唯一的东西，他们手头就只有鲸脂，以及时间。

　　李维克决定花大量时间观察企鹅，他打算成为企鹅方面的世界级权威（除了看企鹅，他还能做些什么呢？），他还打算以后出版一本书——《南极企鹅》。虽然那本书非常成功，但是，有些东西是他从未收入书中的。在他记下的那些场景——亲密的、一雌一雄制的、《帝企鹅日记》式的柔情——中，他还目睹了大量的反常行为，其中真正令人震撼的是一系列性行为记录，尤其是阿德利企鹅（Adelie penguins）表现出的行为。这份记录里有性虐待、青少年性侵犯、"谋杀"和奸尸。有一次他看到雄性阿德利企鹅们与身体冻得僵硬、死亡已超过一年的雌性交配。在笔记中，他用希腊语潦草地记下这些最骇人听闻的部分，担心不经意的读者偶然发现这部分内容，并怀疑他在萧索的南极荒野出现了某种精神失常的时期。

尽管这些信息并未列入他的其他正式出版的著作中，但是他记下了这些亲身观察，可见他有足够高的科学觉悟。这些记录成了一份秘密论文的一部分，为方便使用而冠以"阿德利企鹅的性习惯"的标题。这篇文章暗中在几个专家手中传看，就好像校园操场上流传的下流小说。人们偷偷摸摸，把它藏起来。接着，莫名其妙地，这篇文章消失了，被遗忘了，丢失了。若不是 2012 年，特林自然博物馆鸟类分馆的馆长道格拉斯·罗素（Douglas Russell）在斯科特潦草的远征笔记和记录中重新发现这篇文章，它就永远消失了。

在那份涂鸦中（根据 2012 年《极地笔记》杂志重述），李维克描述道："六七个成员的小流氓团伙……在小山外围闲逛，不断以它们邪恶的行为骚扰这里的居民。"用李维克的话说，没有任何东西可以阻挡这些雄性阿德利企鹅的欲望，它们甚至和受伤的雌性发生性行为，和尸体，和雏企鹅发生性行为（传闻这种恶行"就在其父母眼前发生"）。一些雄性在没有死企鹅或雏企鹅时，就直接和大地交配（甚至能交配到射精）。你可以想象李维克笔记本页面上杂乱的希腊语符号（"冰冷而坚硬的地面"用希腊文怎么写？）。

现在，我提这些不是要在细节上津津乐道（尽管是有那么一点），而是想要突出李维克作为一位学术人、学者以及受人尊敬的人，要公开谈论他所观察到的阿德利企鹅的性行为时表现出的犹豫不前，他自己还没准备好，学术界还没准备好，社会也还没有准备好要谈论这个话题呢。性的科学……嗯，性不是一个体面的东西。如果说那篇论文告诉我们什么，那就是科学家们在试图探求有关动物性生活的科学问题时内心和道德上的挣扎。

学术界其他人也像李维克一样，在形象生动还是科学地书写有关性和性器官的内容上纠结不已。在《人类的由来与性选择》中，达尔文显然与他的出版商抗争过才将那个敏感的词语放在标题里（他赢了），尽管与他同时代的许多人一样，他决定用拉丁文写更直白的部分；他的女儿亨瑞塔后来担任他的编辑，显然，她喜欢用红笔圈掉达尔文描写更生动的段落。就那些可以读到他这些描述的人而言，达尔文对猴子屁股的评论（他知道那是肿胀的外阴部）在当时至少被一位评论家嘲笑过。

卡尔·林奈（Carl Linnaeus，以"植物学家之王"自诩）也相当有用拉丁文做猥亵之谈的天赋，而这实在太考验他同行的耐心了。当描述某种蛤的解剖结构时，他使用了"女外阴""唇""肛门""阴阜"这些词汇，他著名的做法是把一些花的萼片比作女性外阴的外层表皮，把花瓣比作内层。结果呢？该领域许多人大为震惊、怒目而视，也有人出言反对。一位反对者指责林奈使用这样的语言是"令人作呕的淫乱行为"，据说歌德也表示担忧年轻人和女士们会受到林奈粗俗的"性教程"的不良影响。

在这些漫长而艰辛的岁月里，性要被认可为值得研究的科学主题尤为困难。除非遇到对的人，除非你是某个绅士俱乐部的成员，可以流利地阅读拉丁文和希腊文，否则你会障碍重重。性在当时相当于生物学上的暗物质。它就在那里，但是……呃，不能碰，某种程度上，不可检测。

尽管现在这对我们来说显得可笑，但这种态度一直延续到 20 世纪。实在是太久了。接着，事情发生了改变，至少是在很小的范围内。话题被缩小到单一物种身上。一种低等动物冲出来，成了促使情势逆转的典范、性方面的明星、花花公子的吉祥物。你只需亲眼去看看"杂货铺"里那些小玩意，还有它们面红耳赤发火的样子……当然，我说的是本章聚焦的动物：三刺鱼。

* * *

"进来，进来。"我的向导伊恩（Iain）带我走进一间屋顶很高的小房间，房间里充满条形照明灯和滤水器发出的声音。"欢迎，请进。"他微笑着领我往前走。我步入一间摆满架子的房间，一缸又一缸三刺鱼回头看着我，有的很大，大多数很小，有的似乎比剪下的指甲屑还小。它们像捉摸不定的小云团一样，从水缸的一边移动到另一边。实验室里的空气湿漉漉、潮乎乎的，管子里漏出的水滴声让我觉得好像在地球

　　　　　　　　　地球上的性——动物繁殖那些事

表面下几英里的地方，有点压抑。

伊恩说："大多数水缸里有我们的小宝宝，最近出生的幼鱼。"他给我时间，让我自由自在地流连于一架又一架的水缸之间，就好像我正在买鞋。我盯着第一缸看，看着一团小小的鱼儿搅动水，每条小鱼的大小好比订书钉，一对眼睛好似长在头部的句号。它们结成一团，从宽敞的水缸一端慢慢地游到另一端，接着，当我巨大的脸凑近去窥视它们的时候，它们突然紧张地疾速冲到水缸的一角。我问道："这些小家伙是什么？"伊恩检查每一个水缸上的标签条，就好像医生抽出病人床尾贴的标记一样，他说："这些是三周以前孵化出来的。"

伊恩朝下一组水缸走去的时候，我继续好奇地窥视它们的世界。"这里面有一些更年长一些，这些有四周，那些超过五周了。"单是这面墙边上就有大约 10 到 12 个水缸。我问："它们都是用来做什么的？"伊恩答道："这些是来年我们要使用的储备，我们通常使用在野外捕获的鱼作为亲代，但是，接下来我们做的许多行为实验都是用这些实验室培养的鱼做的，我们对它们的一切了如指掌，比如它们的生长史和发育史。"这些是实验中的第二代受试对象，接下来，它们是我们的研究伙伴，在了解三刺鱼性机制的宏大项目中，我们要弄明白幕后牵动演化引线的因素。这只是性科学的现代面貌之一。

房间尽头更大一些的水缸里游弋着 20 多条成年三刺鱼，体长有一张名片那么长。伊恩指着眼球上方带有一丝蓝色的一对鱼说："这些是雄鱼，这就是它们出现繁殖色后的样子。"

你也许记得三刺鱼身着春天华服的样子，它的形象在流行的自然图谱中很普遍。大而鲜亮的红色肚子，蓝色餐盘一样的眼睛，一根像翘起的额发般的刺贯穿身体上方。这就是它的样子，至少大多数人的认知就是这样。这个形象成了大自然的剪贴画，是童年与自然邂逅的徽标。或者说，人们是这么告诉我们的。

在池塘中游泳时，我不经意抓到的三刺鱼大多不是繁殖时期的鱼，而是尚未成熟的雄性与雌性，或处于繁殖期外的三刺鱼：银色的，游得像飞镖一样迅速，没有非常明显的特征。繁殖期外的三刺鱼成群结队地聚集在池塘、湖泊和河流里，嘬食水蚤、昆虫幼虫、水虱。通常雄性聚集在水底，而雌性待在水面上。有时，不同性别的鱼也会互动，但是仅限于啄食身上的碎屑，或试图从别人口中偷几口吃的。它们是一些琐屑而烦人的小鱼（伊恩告诉我，在水产业中，三刺鱼被称为"垃圾鱼"）。一忽儿，它们在啄池塘水草卷曲的叶子，一忽儿，它们在拖一只可怜的水虱的腿。然而众所周知，晚春时节三刺鱼的世界会一发不可收拾。红色的脓包开始从雄性的下巴下面蔓延到两侧，眼睛变成天蓝色，它们醒着的时候总显出一副急于挑起事端的样子。雄性变得急躁、脾气暴躁、满腹怒火、暴跳如雷，像一个摄入过量咖啡因、身边尽是笨蛋下属、各种讨厌的俗务缠身的物流经理。三刺鱼是淡水鱼中的绿巨人*，当它们生气时，除了性科学家，没人喜欢它们。

我刚开始为本书做调研的时候，就想看看三刺鱼，所以我很高兴莱斯特大学（University of Leicester）的伊恩·巴伯博士邀请我过来。整个早上，伊恩给了我最大的支持。而我给他的回报，则是兴奋不已

---

* 出自系列漫画《神奇绿巨人》（*The Incredible Hulk*），2003 年改编为电影《绿巨人》（*Hulk*）。主人公一旦发怒，就会诱发身体里的神秘力量，变成拥有超强破坏力和反抗意识的绿巨人。

　　　　　　　　　　　　　　地球上的性——动物繁殖那些事

地讲述他的研究对象：长着三根刺的三刺鱼。伊恩博士是积极倡导三刺鱼研究的热心人士，也是研究三刺鱼演化以及鱼类性领域的世界级专家；乔治·李维克若是多活一个世纪，大概就能取得他今日的成就。伊恩说："请随意观看……"他微笑着，微微张开手，召唤我去研究室墙尽头的水缸。我站在那里观察，然后静静地从一缸移到下一缸，与此同时他检查了刻度和笔记，打量每一条鱼，每一个缸中的居民。一切都好静，我们身后转动的过滤器是唯一发出声音的东西；平静得就好像身处"屏保"状态中一样。

"人可以在水族馆的水缸前坐几个小时，目不转睛地盯着它看，就好像盯着燃烧的火焰或是奔流不息的滔滔流水看一样，"伟大的康拉德·洛伦茨 * 写道，"所有有意识的思维活动都幸福地消融在这明显放空的状态中，然而，在这些无所事事的时光中，人领悟到有关宏观和微观的真理。"洛伦茨的团队于 1973 年获得诺贝尔奖，另两位成员是尼古拉斯·丁伯根（Niko Tinbergen）与卡尔·冯·弗里希（Karl von Frisch）。这个团队建立了一个研究动物行为的特定分支，也就是动物行为学，而在洛伦茨心中（和他的实验室里），三刺鱼占据着特殊的位置。

这个学术界的三剑客有些特殊，他们不仅是把老鼠和鸽子放到盒子里，让它们开足马力转动小杠杆，他们的方法是到实地去，在野外观察动物，或是在尽可能模拟野外实景的实验室环境里观察。他们鼓励其他科学家和学者以及（更重要的是）市民提问题，问题涉及与动物行为的认知、社会性和生理学以及分子研究相关的内容。他们为现

---

* Konrad Lorenz，奥地利动物学家、动物心理学家、鸟类学家、习性学创始人，1973 年与另两位早期动物行为学家共同获得诺贝尔奖。

代动物学的关键支柱增添了科学基础。他们鼓励科学家们去研究生命史，以及特定行为的适应性，包括那些与性相关的行为。他们科学地探讨性，在学术界假装正经的人看来，天平开始倾斜。而问题的出发点，是那些三刺鱼。接着，就像现在一样，人们在鱼缸中看它们、观察它们……

丁伯根有关三刺鱼的研究中，著名的一点是他专门研究了生物学上所说的"超常刺激"现象，研究心理学的人都熟悉这种现象。通过制造腹部红色深浅不一的木制三刺鱼模型，丁伯根展示了，把假鱼放入三刺鱼的领域中时，假鱼模型越红，三刺鱼必定变得越暴力。他做出比自然界产生的任何三刺鱼更红的三刺鱼模型，然后（也许怀着喜悦的心情）看着他的模型在雄性间引发愤怒。他制造出超乎寻常的、比最美的夕阳还要红的木制鱼模型，并观察雄性三刺鱼在见到这种大自然中不常见的景象时神经质的反应。也许，以前从来没人见过这样的怒火吧？

康拉德·洛伦茨对三刺鱼感兴趣，和他研究动物暴力行为有关。交配的三刺鱼给他提供了一些最为著名的观察。"在任何给定的瞬间，三刺鱼打斗的倾向都和它离巢穴的远近成正比。"洛伦茨在《所罗门王的指环》中写道，"在他的巢穴里，他就是怒气冲天的家伙，带着对死亡的藐视，他会不顾一切地与最强的对手搏斗，连人类的手都不怕。随着他游离自己的大本营，游得越远，他的勇气就越衰退。"

容易捕获、容易观察、容易饲养、容易繁殖，三刺鱼由此游到了性科学的中心地带，它是模式动物＊（伊恩称之为"超模"）。

＊　动物学家通过选定动物物种进行科学研究，用于揭示某种具有普遍规律的生命现象，这种被选定的动物物种就叫作模式动物。

转身下了楼梯，伊恩带我绕过三刺鱼实验室的另一头，来到一个更长的水缸边。像其他水缸一样，里面的水光滑而清洁，一层小鹅卵石铺在缸底，一根透明的管子在水缸的角落冒着泡泡。然而，这个水缸很不同，让人奇怪的是，里面似乎根本没有居民。眼子菜属水草从鹅卵石中伸出来，朝左右伸展，在中央形成一个舞台区域。就在那里，在水缸底部中央，躺着许多乱糟糟的黑线，胡乱地铺在沙砾上，看起来就好像演出结束后丢在舞台上的花。伊恩告诉我："这就是我们进行行为学观察的水缸之一。"接着，他指着黑线毫不掩饰地说："这之前是三刺鱼的巢穴。"啊，好吧，我本应该知道的。"雄性一旦养育了后代，就把巢穴撕开，开始建一个新窝，那些……"伊恩指着我们身后，微笑着说，"那些是同一巢穴里的后代；今年的幼鱼将成为我们的研究对象。"

　　现在要看出鱼的性别还太早，所以，伊恩建议我去看看放在楼上办公室里的鱼交配的录像，我立刻同意了。我写下这些词句时，觉得听起来有点古怪，但是实际上，不，不，等一会，的确是有点奇怪。但是，这是科学，伊恩是一位令人尊敬的科学家，所以这个话题顺理成章，再加上现在我在写洛伦茨和丁伯根，之前还嘲笑李维克一本正经，要是我对性这个话题表现得过分正经，就明显很讽刺了。

　　我和伊恩上了楼，上了好多级台阶，穿过几条走廊，到了他的办公室，在他的桌前坐下。他在台式电脑上准备了一份有关性的演示视频供我们两人观看。此时此刻，有点安静，我坐在他的椅子上，感觉又回到了学生时代。我渐渐理解，尽管这些年来我尝试了好多次，博物学者似乎也一直非常了解，但实际上，除了课本上的图解，我还从来没有亲眼

　　　　　　　　地球上的性——动物繁殖那些事

看过三刺鱼交配。伊恩的电脑音箱里传出噼啪的声响，他点击一个图标，全屏显示视频。影片的标题滚动上来："检测筑巢材料的浮力"。屏幕上的黑色逐渐淡去，显现出巨大、漂亮而明亮的红色雄性三刺鱼正有目的地在水缸里盘旋；这个水缸和我刚才在楼下见到的看起来一样。这条鱼嘴里衔着一小段黑色的线，他先朝上游去，然后把黑线松开并仔细观察情况。黑线慢慢地从水中落下，他迅速再次衔住黑线，这次他游得更高，然后再次把黑线丢掉。很难看出这根黑线的功能，若换了你或我，我们大概会用它当牙线来剔牙齿。他捡起另一段黑线，重复同样的过程，接着，下一段，又来一段。每一次，当那段线静静地往下飘的时候，红腹三刺鱼都密切地关注着黑线。他还用别的线头重复同样的动作与过程，以此评估每一条黑线所具有的我们看不出来的品质。

接着，突然，他发现了一条完美的线，尽管这条黑线看起来和别的线完全一样，它却是以确切而适当的方式飘落下来的：不是很沉，也不是非常轻，它飘落得完美无瑕。他先是自信地把黑线插进沙砾中，之后，用身体下部区域抵住，他的身体滑过黑线，同时，把分泌物（一种从泄殖腔产生的黏性物质。泄殖腔指的是两栖动物、爬行动物和鸟类生殖口，也是泌尿系统和肠道的出口）喷到上面，以此把线牢牢地固定在恰当的位置。伊恩告诉我："他会一遍又一遍地重复这个过程，直到巢穴开始成形。"三刺鱼又照例重复了几次，接着录像带往前快进了大约一个小时，这时，巢穴开始看起来像池塘底部一个小小的拱门了。到现在为止，这条可怜的雄鱼比刚开始时显得更激动，更加担心，他的鳍有点脏了。他开始用力地抽打鳍，往他筑的巢穴上推水，仿佛在一次又一次地检测每一个薄弱点，他从每个角度尝试，并盘旋着把巢穴从一头到另一头封起来。接着……他也许暂时满足了。

屏幕上的画面再次消失，这个场景结束了，另一个标题出现在屏幕上："雄性向雌性求爱"。熟悉的水缸再次出现在屏幕上，雄鱼的巢穴现在已经修建完毕（我觉得看起来有点像因纽特人的冰屋）。有人丢了一条雌性三刺鱼进去，雄性看起来比之前更加急躁了。哇，他东奔西跑，嗡嗡游着，充满活力地从屏幕一边到另一边，扭动着身子，窜来窜去，然后，静静地盘旋在沙砾上方大约一英寸 * 的地方，两只眼睛牢牢地盯着雌性的方向（这对于大多数鱼来说，如果不算是不可能的事情，也算是非常困难的事情了）。她在水面盘旋，顾着她自己的事情。录像表明当时是春季，她的腹部变成竖琴状，为下面的求婚者准备好了卵子。令人惊奇的是，她表现出并没有注意到求婚者们的样子。雄性看起来暴怒不已，他精力十足地冲过去，向她求婚，然后游开，游到巢穴那里，沿着水缸的边沿游，嘴迅速地吞吐着水，尾鳍摇得像大黄蜂的翅膀拍得一样快，她依旧看都不看。她的忽视让他很生气，他开足马力冲过去，在她的身体上方盘旋，把她稍微往左右推动。

"仔细观察……"伊恩突然来劲了。他带着一抹惊异说："雄性轻轻地用他的刺戳雌性，戳她下巴的下面。"你若是眨一下眼睛，就会错过这一幕，雄性三刺鱼的确表现出用刺戳她的行为。好像为了要证明这一点，录像以慢镜头的方式重播了这个行为，对，他肯定是在刺她。喔！她退缩了一下，立刻对这意外事件产生了片刻的兴趣。

---

* 1英寸相当于2.54厘米。

录像的旁白说道："如果她喜欢这个雄性，在这个时候，她也许会尾随他去巢穴。"可以看到，哪怕就在这时，雌性似乎还在琢磨到底发生了什么。雄性表现得太热切了，他疯狂地拍打她，如坐针毡地横冲直撞，前一秒钟召唤，后一秒钟戳刺。一两分钟后，她来到他的巢穴，准备欣赏他的作品。

接下来，好似经过漫长的思考，雌性一头扎下去，钻进巢穴的线形拱门，她臃肿而肥大的身躯挤了进去，以便认真地看看。但是，接着，她停了下来，她被卡住了。雄性把头挤进巢穴，和她挨在一起，并开始颤动。"现在雌性进了巢穴里面，"画外音解释道，"雄性开始用力地拍打雌性的身体，刺激她产卵。"雄性在雌性身后啄、抽动、浑身颤抖，她则一动不动地躺在那里，藏在让他着迷了那么多天的长长的黑线搭成的框架后面。接着，嘭，她扭动着身子往上游，游出巢穴，不见。没有浪费一秒钟，他跳进她搅动出来的水流中，来到巢穴里，在她产下的一串卵子上摇摆身体，射出精液（鱼的精液叫作鱼白），洒在战利品上。就这样轰隆一声响，她不见了，而他俘获了第一条雌性，还有望俘获很多。如果雌鱼有吃掉那些受精卵的想法，雄鱼会立刻冲过去，咬住她的尾巴。录像的旁白总结道："雄性把雌性赶跑，他漫长的育儿时期开始了。"

这是一件很好笑的事情。在广泛的宣传中，雄性三刺鱼通常以正义的形象出现：帮助孩子，保护、抚育它们，而雌性在育儿方面什么都不做，只要休息就好了。我了解到去年英国广播公司（BBC）在父亲节做了一个专题节目（就在伊恩的这间实验室里）。我想我明白为什么流行观点总是倒向雄性这边，那些雌性，她们看起来……怎么说呢，愚蠢？

好吧，也许有一点，她们看起来有一丁点愚蠢，有点呆若木鸡，根本不在状态。而那些雄性呢？嗯，他们似乎完全相反，如果雄性三刺鱼有如此聪明的大脑，能够评估每一条筑巢材料的物理特性，这个大脑还会在恰当的时候权衡正确的舞步，计算出变成红色、表现出怒气的最佳时机，并思考如何成功地养育一堆孩子……嗯，那雌性是怎么回事？她们的大脑中装的是什么？

搞笑的是，我提到"呆若木鸡"这个词时，伊恩大笑了起来。他期待有机会矫正我，让我对不太活跃的雌性三刺鱼有正确的看法。他同意，故事总是从雄性视角来讲述的。"红色引起雄性的反应，对此没有异议。"他说，"但是，红色也会引起雌性的反应。"

过去，我对此并不了解。伊恩接着说："是的，1990 年的证据显示，雌性对相对更红的雄性有非常强烈的偏好。"那是一次非常好的实验。让雌性三刺鱼在两条雄性间选择，一条用白光照亮，另一条用绿光照亮（绿光吸收红色光线）。结果呢？雌性喜欢白光照射下的红色雄性，对绿色光下的雄性不感冒。伊恩告诉我："对于雌性来说，对红色感兴趣具有本质上的重要性，但是，还有一点非常清楚，那就是红色对雌性到底意味着什么。实验者在论文中对此进行了阐释：红色是一个非常好的指标，它喻示着鱼的身上所携带的寄生虫的数量。"

换言之，红色至少在某种程度上是有意义的，因为它能让雌性避免感染寄生虫。红色是一个忠实的信号，如同前一章中提到的孔雀的裙裾。红色并不仅代表愤怒，那只说出了一半。红色同时还为雌性所用，她通过红色揣测谁可能成为最健康的父亲，并与之交配。红色是个装饰，是炫耀的特征，在这里是性选择理论在起作用。

伊恩给我上了一门关于鱼如何产生红色的速成课。红色是由类胡萝卜素合成而来，三刺鱼只能从食物中吸收这种有机染料。体质最好的三刺鱼可以获得最多的食物，因此，理论上，这些鱼可以吸收最多的类胡萝卜素。但是，还不单是这样，雄性三刺鱼可以"选择"如何处理类胡萝卜素，他们可以要么使用类胡萝卜素保持免疫系统（健康选择），要么用来换取著名的红色锦衣（性选择）。据伊恩说，三刺鱼面临着一个选择：保持健康还是看起来健康。在性感的外表上投资过多，会死于疾病；在免疫上投资过多，会活下来，但是，不会有交配，因为没有雌性注意到你。当然，最优质的雄性会设法兼顾，而且，那是成为高品质雄性三刺鱼的关键。红色给了雌性一个忠实的指标，它是总体优越性的外在表征，也是告诉其他雄性滚开的信号。这些特征还可以传给后代。伊恩解释道："我们这里的研究结果已经表明，那些亮红色雄性生下的个体在实验中抗寄生虫感染能力更强。"优质雄性繁殖优质后代。

雌性三刺鱼很挑剔，她们"知道"都有谁在求偶。实际上，她们绝不是无脑僵尸，绝不呆若木鸡。伊恩同意我的看法。他说："它们在相互看对方。"他突然眨了眨眼睛，继续说："它们都试图弄明白正在发生什么事情、其他鱼安的什么心。"像玩"俄罗斯方块"游戏一样，它们基于周围的环境、每一步的运动以及它们自身的繁殖条件来巧妙部署。然而，它们的大脑比一颗葡萄籽大不了多少。我觉得这点相当不可思议，伊恩和我一样吃惊：脑容量如此小的大脑居然有如此强大的功能。当他诱导我去想象三刺鱼谜题的时候，他的声音中带着一丝揶揄："最有趣的事情是，如果你是一条雄鱼，你的巢穴里有 100 枚卵，而你的巢穴里可以容纳 600 到 700 枚卵，你会留着这 100 枚卵，接下来 10 天都致力于抚育它们吗？"我点了点头。"或者……"他吸了一口气，"你会吃了这些卵，使自己能量大增，看起来漂亮而且红彤彤的，然后再去三四个雌性面前秀一下，没准会获得300或400枚卵子？"什么？雄性吃卵子？我觉得这一切有点荒谬，但是据伊恩说，这是真的。雄性会使用卵子里蕴含的能量来把自己催红，这样就有潜力吸引别的雌性，而且有望吸引不止一条雌性。重申一下，这都是策略：在给定的时间与地点，特定的雄性或雌性应该怎样做才是最好的策略。

这还不算完呢。两性之间在演化上的网球赛十分奇妙，双方都会狡猾地反手抽击。雄性突破适应性防线后，偶尔会出于繁殖的目的而吃掉卵子，这样一来演化就会以空巢来警诫雌性。对于她们来说，空巢表明雄性进行性活动的动机可疑，雌性会躲开他们。那么，雄性会做什么？很简单，从另一条雄鱼那里偷卵子。他们正是这样做的。他们相互偷对方的卵子，把自己的巢穴弄得更大、更好，至少让他们看起来不像吞噬卵子的家伙。雄性正手扣球，女士，球到你的场地啦。与地球上大多数生命一样，性的比赛是平局，永远都是平局。演化上取得的每一个优势，都把球打过网去，让另一性去适应。雄性正手，雌性反手，雄性反手，雌性正手，雄性占先，雌性占先，永远是这样。

但是，那只是三刺鱼故事中的一个方面。对于引人注目的雄性特质（或"好爸爸"行为），也就是雄性打出的每一个好球，雌性都会打出同样有力的反手击球，而雌性的"球语"（诸如微妙行为或挑剔），让人类的眼睛更难读懂。谢天谢地，接下来，有洛伦茨和像伊恩这样的人去读。三刺鱼像不可预测的肥皂剧，永远在它们偏离正道的剧情中扭动、翻转。好爸爸？这是贴错的标签，因为雌鱼在她自己的比赛中也是主人。他把后代的数量最大化，而她把质量最大化。没有"好爸爸"或"好妈妈"；只有基因，以及不断变化的传播基因的策略。洛伦茨铺平了道路，让我们通过研究三刺鱼这类动物逐渐获得了这些知识，而世界也变得更能接纳这些知识了。

我离开之前，伊恩递给我一块有400万年历史的三刺鱼化石，我不时拿在手上抚摸、研究。我们更细致地谈论了现代三刺鱼，这种古老的海洋生物在上次冰川衰退之后，被成千上万地冲刷进池塘、湖泊以及河流里，到处都是，从那时直到现在。五十年前，像洛伦茨这样的科学家们用木制的假三刺鱼作为工具去理解真的三刺鱼的想法，而时至今日，这种卑微的小鱼儿，几乎插足了每一个生物领域。从前，三刺鱼国际会议只不过是在丁伯根和洛伦茨关于性与暴力的研究基础上做一点点延伸，而现在三刺鱼已经进入广阔的科学研究领域：行为、演化、发育、光周期现象、生态毒物学、农业、基因学……我们走出这栋楼，仿佛走过无尽的走廊。伊恩边走边说："三刺鱼已渗透到广阔的科学研究领域中，这个事实不言而喻，上届三刺鱼会议就是在著名的西雅图弗莱德·哈琴森癌症研究中心（Fred Hutchinson Cancer Research Center）召开的。"

我们又聊了聊会议以及伊恩的学生们。这时似乎是询问的最佳时机：他是如何对三刺鱼感兴趣的？我问道："你是不是被那首打油诗带跑了？'一个小男孩，手拿果酱瓶，到处捉三刺鱼。'"他笑开了怀："当然，我们每年夏天都捉三刺鱼。"我咔咔地笑起来，十年前我自己也还是个孩子，在"任天堂"和"世嘉肆"用大量游戏迷住青年一代之前，到户外去捉三刺鱼曾是孩子们单纯的童年生活中的娱乐。而今天的学生呢？伊恩突然严肃地说："现在的学生比任何时候都聪明，他们来这里专门学习动物学，他们很聪明，学习动力很强。不过我得说，第一次给他们介绍三刺鱼的时候，90%的人不知道三刺鱼是什么。"他停了下来，接着又说："很悲哀。这真的是件很悲哀的事情。"

伊恩还向我讲述了他的子项目：适合学校教学的三刺鱼。他充满激情地说他很高兴看到每个教室都有一个养护得很好的水缸，里面住着搭窝筑巢的雄性三刺鱼。他描绘了一幅我非常喜欢的图景：新一代的年轻人，仰望着依据盘旋在鱼缸一角的那些狂躁而充满交配激情的雄性三刺鱼形象更新的雕像；新一代洛伦茨和丁伯根在第四面墙上观察；每所学校里都有研究三刺鱼性特征的专家。我觉得这个想法非常具有吸引力，因为三刺鱼为未来的科学家们提供了丰富的潜在价值，也许还有许多是我们现在无法想象到的。谁知道它们还有可能告诉我们哪些有关生命和性的知识呢？如果我们的子孙们在童年时代没有像伊恩那样了解三刺鱼，他们的生活和爱情又会受到什么阻碍呢？

做本章的研究时，我发现了威尔海姆·包舍（Wilhelm Bölsche）在《大自然中的爱情生活》中的一段话。这本书出版于1926年，也就是有人指责林奈"令人作呕的淫乱"和李维克笔下不为世俗所容的"流氓男妓"性行为的年代。这段话古老落后得几乎让人发笑。

在三刺鱼的生活史诗中，雄性，只有雄性才是英雄。雌性，最多不过是这部史诗中的一个小插曲。雄性是这个种群全部史诗的代表，他不仅是作为追求自己个人目标的个体而存在的，而且是作为以跨越千年的物种形式绵延下来的更高级的群落中一个正式成员而存在的。雌性算不上什么，只不过是漂泊不定的吉卜赛人，生活自由而悠闲，没有任何责任意识。

这种小鱼经历了漫长的旅程，雄性和雌性奋斗、苦心经营、炫耀、投资、偷盗、做出选择。每一年，从生到死，生生不息。即便下个世纪我们所有的淡水鱼中毒或者干死，三刺鱼还会活在像伊恩的实验室这样的地方，三刺鱼会议将继续召开。这些鱼儿，无论雄性还是雌性，都将作为大自然中的性象征，至少为了科学而永远留存。这种生物促成了一场性的变革，如今也阐明了演化比赛中的平局决胜（tie-break）。而我们所有人，都永远是这场比赛中的一分子。

第三章　等待青蛙的高潮

我们生活在一个非凡的时代。在生物繁衍的历史中，你出现在两栖类在地球上的霸权结束的那一刻。你一出生就卷入了一场不同类群之间的战争：崛起的哺乳类开始同两栖类抗衡。更简单地说，哺乳类中的一个种——智人崛起并抗衡整个两栖类。不幸的是，我们人类获胜了。在我写这个章节的时候，两栖类有三分之一被世界自然保护联盟列为濒危保护物种，还有大多数物种的种群数量在减少。两栖类动物明显受到人类活动的影响，包括污染、疾病、气候变化、栖息地丧失、外来物种入侵。

我常常为两栖类这样的动物感到悲伤，它们是热爱大地的物种，却嫁给了水，它们也是被时光遗忘的生物。这些生物留存于世如此之久，在某种程度上是一个奇迹。

两栖动物的性关系比较容易研究。毕竟，你只需要一个池塘和一只手电筒，还有一个不介意你晚归、晚睡的伴侣。如果你夜晚大部分时间穿着睡衣站在外面，盯着青蛙看它们上足了发条似的交配，而邻居不报警，那你就可以研究青蛙了。

我这样观察好多年了，我的职业生涯从两栖类开始，可以说，两栖类是我的财富。我很幸运，身边的人都很好而且善解人意，不会举报我与青蛙之间的活动。不过，我有一个愧疚的秘密，有点不愿意承认的秘密，那就是，我实际上**从未亲眼**看到雄性青蛙和雌性青蛙的交配行为。我看到过它们结合的状态，但是，没有看到过完整的行为；我没有亲眼看到过雌性排出卵子、雄性将精子喷到卵子上的实际行为。我观察了很多青蛙抱合在一起的状态，一看就是几个小时。读者们都见过，对吧？问题是，我从来没有观察到正儿八经的交配：精子与卵子混合的交配。这也许会让你吃惊。理论上，这似乎是很容易见到的，然而，依然没有……

我意识到应该改变这种状况。我在白板上写下了大大的几个字：朱尔斯必须看到青蛙交配，还在上面画了两个圈。我准备了一台摄像、录音一体机，架在三脚架上，放到池塘边，期待拍摄下这最隐秘的私通证据。我渴望今年我的愿望终将实现。我会成功吗？嗯，最周密的计划，万事俱备……

* * *

我写这些句子的时候正值 3 月中旬，大部分地区潮湿，最近几周稍微暖和些了。每年大约这个时候，周围所有的青蛙都从冬眠中醒过来，出现了，好像电影《迷宫》（*Labyrinth*）里的大批动物机器人一样，每天晚上爬到它们的繁殖池塘去。我的池塘很小，在我们家后院高处的一块空地上，后院有个粗糙的塑料水塘，底部蓄满了雨水。这个池塘紧挨着前门，所以，很方便我穿着睡衣观察。如今里面已经有些动静了。让我失望的是，角落里无精打采地漂浮着两团青蛙卵子（我没看到产卵的过程）；两只活泼的雄性青蛙，像抓住巨大的救生筏一样，分别坐在一团卵子上。他们鼓着胸（这个季节，他们的胸稍微有点蓝色），看起来一本正经。其中一团卵子轻微地颤抖了起来，那团卵子下面有一些青蛙在移动，好似小船下面的鲨鱼，大概有五六只，也许更多。

这些普通的青蛙，欧洲林蛙（*Rana temporaria*），恐怕是欧洲数量最多、分布最广的两栖动物了。它们有可能是杂色的、绿色的、棕色的、带墨迹污点的，有时甚至是粉红色的，通常处于警戒、跳跃的状态，而且一般情况下，眼睛下面会有我们熟悉的黑色"面罩"。

两栖动物都需要水，这一特点使它们的性生活变得复杂。它们的卵子缺乏硬壳儿保护，所以它们需要在水边活动，至少大多数是这样。这意味着，两栖类要交配，就必须聚集在一起，而且，交配场所通常是相当小的池塘，也许就像我的小池塘这样的地方。正如上一章中提到的三刺鱼一样，池塘可能迫使个体间竞争，这样一来就很有趣了，自然选择很快促成一团混战。

观察青蛙的人也许会注意到一年中这个时候出现的诡异特征。最明显的是雌蛙长得很大，非常大，她们的身体里塞满了几百枚甚至是数千枚卵子。不过，雄蛙也有变化，因为他们是受害者，竞争的受害者。你会看到，大多数池塘里雄性比雌性数量多，多很多。雌雄比例极度失调。一部分原因在于它们诡异的性行为。雌性一旦交配完，就从池塘里离开，而雄性不会离开。他们依然坚守在池塘周围，观察并等候进一步交配的机会，这严重影响了每个池塘里的性别比例。但是实际上，骰子更偏向对雄性不利的方向，因为变形（从蝌蚪变成小青蛙）后，雌性达到性成熟所需的时间更长，所以在每一个群体里，做好交配准备的雄性数量多于雌性。池塘确实变成了雄性聚集的地方。

雄性海象是朝着巨大的体形演化的典范，雄性孔雀的演化方向也荒谬可笑，而雄性青蛙已演化成了现在这个独一无二的样子。性竞争驱使的适应性演化，让人敬畏不已。青蛙有力的拥抱，叫作抱合，基本上指的是从后面的求偶拥抱，这个姿势让雌性从表面上看没有多少作为。雄性紧紧抓住她，爬上去，不顾死活地牢牢搂住她。他抓得非常紧。这个拥抱如此有力，哪怕是熟练的水管工也无法把他们拉开。这个景象你可能已经亲眼见过了，这是春天里司空见惯的行为。雄性青蛙的前肢似乎锁在固定位置，像游乐场里夹娃娃机的机械臂一样。通常，她撼动不了他，其他竞争的雄性也无法拉他下马，至少不是那么容易做到。下次你若看到抱合，请仔细观察一下雄性的前肢，你会注意到他的"婚垫"：第一足趾上特殊的吸盘，可以辅助抓握。基本上，就是性驱动的手套。

这有力的抱合式交配方式是演化赠给许多雄性青蛙和蟾蜍的礼物，他们固守在像池塘和湖泊这样范围有限而又充满竞争的栖息地中。获胜者会拿走一切。但是，不仅限于抱合。许多青蛙还有其他繁殖策略使自己鹤立鸡群。从演化角度讲，作为一个纲（class），许多两栖动物非常聒噪，以便让人知晓它们的存在。大吵大闹、好争斗、焦躁不安、痛苦呻吟——用尽你能想到的关于聒噪的形容词；现在这些雄性就在某个地方大张旗鼓地叫着呢。尤其是青蛙，青蛙中叫得最响的就是普通的科魁青蛙（Coqui），一种棕色的波多黎各青蛙，长着大大的像大理石一样的深色眼睛。它的叫声分两部分（可预测的有规律的"科！""魁！"），堪比割草机在你面前突然发动时的响声，它让夏威夷的居民们苦不堪言。在叫嚣声中，这种外来青蛙正在蔓延（在英国本地，我们有造成噪声污染的外侵物种，那就是绿青蛙。据说它们叫起来也像割草机，尽管我个人认为更像野鸭叫）。科魁青蛙发出的"科""魁"的噪声很有趣，因为它们有不同的目的。显然"科"是针对其他雄性的，促使他们逃走，而"魁"针对雌性，诱惑她们靠近。像鸟类一样，对不同的听众，叫声含义不同，换句话说，就是："雄性快走开/雌性到这儿来"。

若不是种类繁多，两栖类根本不值一提。有一些淡水栖息地毗邻湍急的小溪和河流，水声实在太响了，根本听不到口语体的"科"或"魁"。因此，在诸如此类的地方，一些青蛙表现出一种非凡的行为：它们只需相互挥手，从小溪的一边朝对岸的雌性挥挥小手，"嘿……你在那儿呢！"（挥手）"嘿……你好！"（挥手）"耶……你好！"（挥手）我有时候遐想，如果外星人决定造访地球，是否会是这样的行为激起他们的兴趣（**"是的，呼叫总部，这个星球上有会挥手的青蛙……是的，它们在挥手"**），而不是我们灵长类虚张声势的王者风范。

因此我喜欢青蛙。我所了解的青蛙中，为了应对竞争而给人留下最深刻印象的也许就是隆背蛙（*Babina subaspera*）了，它们原产自日本奄美大岛边。隆背蛙演化出了另一个指头，一个"假大拇指"，上面长着类似狼獾尖甲上的锋利的刺。在发生性事之前，雄性之间有个摔跤回合，这个指头可以刺入竞争者的体内。信不信由你，可以说，雄性竞争者扎实地把那指头插了进去。

可是，等等，稍等一下。难道你不同意吗？这里又是老样子。雄性做这个，雄性做那个，雄性霸占雌性，雄性刺进去，乒乒乓乓地把竞争者从雌性身上推下来，挥手，叫着"魁"，叫着"科"。老天，雌性到底忙啥去了？我们又遇到了上一章中提到三刺鱼时已经熟悉的故事，好像雄性做了所有的活儿，而雌性看起来没有多少作为。雌性青蛙的生活真的那么简单吗？可以断定的是，绝不。

雌性青蛙通常缺乏声音，这的确是真的，雌蛙不得不以抱合的姿势背着一只雄蛙到处走，她也许很丢面子，这也是真的，我猜测她的角色听起来很被动。但是，事情当然不是这样的。从基因上来说，她会与最强壮、最坚定的雄性交配并从中受益。换言之，要和一个抱得好的对象约会，她得付出代价。好的迎合者是强壮的，有价值的。与抱得紧的雄性交配，雌性可以生出具有强大抱合能力的后代。理论上，这样的特征对她的儿子们有益（的确，有证据显示如果雌性背的是一只残次雄性，雌性蟾蜍也许会主动想办法，鼓励雄性间爆发竞争，以此判断谁是最好、最强壮的雄性，从而让她的后代获得最好的基因）。

当然，她也做选择。许多调查研究发现了雌性青蛙选择的元素：有许多基于雄性的叫声，一些雌性喜欢悠长而响亮的叫声，另一些则更喜欢短促而尖厉刺耳的叫声。每一个雄性个体都演化出了最有效率、最有效果的叫声，至少对这个物种中雌性的耳膜来说是如此。但是，雌性可能驱动着这种特征的演化，因为她掌握着所有的筹码，那就是她宝贵的卵子。

也有易怒、好斗的雌性青蛙，最著名的是产婆蟾（千万别忘了，实际上，它们是青蛙）。对产婆蟾来说，雄蛙虽然获得了交配的战利品，但是育儿却成了羁绊（雄蛙把受精的卵子包裹在后腿上以防其因缺水而死），因此雌蛙演化出了倾向于竞争的特征。通常，产卵的雌性数量多于可以交配的雄性数量。这就成问题了。而结果呢？你也许猜到了，在产婆蟾中间，通常看到的是雌性相互格斗来获得雄性。的确，利比里亚产婆蟾的情况是，为了找到求婚者，雌性要发出叫声，让自己在竞争者中间脱颖而出。

不过，两栖类的世界并不都充斥着洪亮的声音，蝾螈的情况就略有不同。雌性蝾螈可以把精子吸到叫作精囊的小袋子里，而这种解剖学"设计"上的小小差异意味着交配操作完全不同。雄性蝾螈不必爬上去抓牢，他们只需要鼓励雌性吸出他们体内储存的精子。这改变了一切。尽管雄性依然为赢得此项殊荣而竞争，但是，没有身体搏斗，没有殊死肉搏。蝾螈的交配速度缓慢，而且更加有节奏，在某种程度上，雄性需要向雌性展现出更多搔首弄姿的姿态。如果雄性有冠（crest），他们就用冠彰显其力量；他们用尾巴发射小小的芳香旋涡，以富含信息素的气味为雌性引路。最终，雄性把精囊卸到地面上，再诱惑雌性到精囊上方来。如果她接受他的求爱，她就将泄殖腔靠近他的精囊，把精囊吸入体内，在体内搅拌——变，变，变，大功告成啦！接着，雄性离开，到别处去碰运气；而雌性自由地进行长期的任务：把她的卵子（现在已经是受精卵了）包裹在池塘水草叶和碎石间。

这并不意味着雄性蝾螈就轻松了，旷野依然是他们征战的沙场，只不过，不像青蛙那样短兵相接展开肉搏。雄性蝾螈解决战争的武器……嗯，我猜是装满了芳香信息素的水枪。好消息是，像青蛙的交配一样，这种行为是任何人几乎只要到池塘边都可以观看的。春天的晚上，只要拿一只电筒，照着池塘底部，你就有可能看到它们在塘底四处翻腾，相互衡量尺寸，挑选，相互发射信息素，大概在恐龙时代它们也以同样的方法行事吧。

蝾螈在分类学上属于一个更大的科——真螈科。真螈科中体形最大的是大鲵（娃娃鱼），包括大头的中国版和一个与中国大鲵体形几乎差不多大的日本版，它们确实是世界上最怪异的生物。它们的体形如此巨大（至少根据我们在谷歌网上搜索到的图片），以至于地球上没有几个人可以像美国职业摔跤选手胡克·霍根（Hulk Hogan）那样握着真螈而面不改色。它们几乎长达 2 米（6 英尺 6 英寸），就像世界最古怪、最新奇的制门器。它们是演化中被踢出局的物种，而且确实已经奄奄一息了。尤其是中国的大鲵，现在很不幸已经被贴上严重濒危的标签。由于它们濒危的程度犹如大熊猫，科学家们日益关注它们的性生活，尤其关心如何让它们在室内受孕，以便让它们在从前繁盛的地方重建种群。

大鲵与同类别的大多数其他动物不同，它们在体外抚育后代，就像青蛙和蟾蜍那样（但是与大多数蝾螈目动物不同）。雌性挤出卵子，然后雄性为卵子授精。像许多青蛙一样，雄性大鲵在性事上演化出了残暴的秉性。雄性海象要竞争成为"海滩王者"（繁殖力旺盛、保护雌性妻妾的王者），而大鲵要竞争成为"窝王"。雄性大鲵不是保护妻妾群，而是在河岸精心准备的领地内，保护她们的卵子。他们为争夺重要地盘而奋战、搏斗（有时搏斗至死）。而且，他们还制定战略。有些雄性在窝里静静地待着，将其他蠢头蠢脑地把脑袋伸进来的雄性捧走，有些徘徊、漫步，侦察其他可能更好的巢穴地点。还有一些，通常是年长的、更结实的，会占据多个巢穴。雄性鼓励雌性审查他们的领地，看看是否选择在那里产卵；雄性会给卵子授精，并在接下来那个月保护卵子不被饥饿的闯入者吃掉。偶尔，雌性产卵进行到一半的时候，会有其他几只雄性突然闯进窝来，喷出精子，又一溜烟跑掉，让窝主大发雷霆。像温带地区的许多两栖动物一样，大鲵是一年一育，它们计算繁殖的时机，以确保有充足的后代在万物茂盛的季节，即春季，得以孵化。

让我们来看看春季。我们倾向于认为青蛙繁殖以及传说中的繁殖迁徙是早春的现象，但是，最近几年在性科学领域，季节性已经成为一个关键的问题。毕竟，青蛙如何真正知道什么时候是春天？是什么让它们注意到春天来临的信息？青蛙们对于地球围绕太阳转了解多少？这些都是有趣的问题，当然，答案也许比你想象的更加难以准确描述，这依然是许多最聪明的爬行动物研究者瘟寐思索的问题。

与其他脊椎动物一样，很有可能，青蛙的季节性性周期与地球带有一点倾斜度的自转有关，抑或，更正确的表述是，这带有倾角的自转每天都会对白天的时长产生渐变的影响，这就是所谓的光周期。尽管温度、食谱、社会互动以及哺乳时间会影响哺乳类动物的性生活，但起主导作用的却是光周期。农民以及养赛马的人早就明白这一点。找只公羊来，把它拴在棚里，经过几天、几星期的光照影响，你可以让它的阴囊膨胀、萎缩，接着又像在静止状态下吹奏的风笛一样，再次膨胀。那只公羊的细胞正无意识地测量着每天蛋白质丰度的波动（受清晨和黄昏蓝色光的影响），它是在测算白天时长变化的尺度。公羊的生理节奏时钟滴滴答答地走着。眼睛是这个信息的接收器。有趣的是，接收器不是我们熟悉的视杆细胞和视锥细胞，而是另外一套细胞：感光视网膜神经中枢，远古感光系统的一部分。这种感光系统在一种对这类朦胧光条件敏感的光色素（黑视蛋白）作用下产生反应。

由此便开场了，或者至少拉开了舞蹈序幕（当然，这些细胞也在你的眼睛里）。

不过，现在该换个话题了。我发现我尽给你们说些两栖类的性故事，是不是该实际看看了？那么，跟我回到我的池塘吧……

现在我已经在池塘边守候了几天，潮湿的夜晚真正降临，池塘里依然挤满了一群夜间活动的青蛙。每天晚上我都要一连观察几个小时。池塘周围的空气中充斥着浓郁的泥土气息，这是大自然早晨的呼吸，也是万物生长的气息。每年我都会注意到这气息，接下来几个月我都会把一切置之度外。这是一年中我最喜欢的时节。

你也许会问："目睹青蛙性事的挑战进行得如何了？"啊，头四个晚上我就早早架好了相机，镜头对准我家花园的小池塘角落里青蛙搭好的产卵筏。每天晚上在按下录制键之前，我都蹲在水边，目测头天晚上大幅度的敏捷移动留下的证据。现在那个地方有四个卵团，其中有一个看起来小得可疑，这意味着它是最近才产下的（卵团过一两天就会胀大到正常的尺寸）。今天，至少有五只雄性为了得到坐在不断膨胀的卵筏表面上的殊荣而争斗。左边，在场的唯一一只雌性已经被雄性缠上了。他夹得很紧，前腿像老虎钳一样紧紧地卡着她的腰。他的每一分力气似乎都集中在抓抱这个动作上，好似某种寄生虫（实际上，在某种程度上，这正是他目前的状态）。他的眼睛甚至拉到了面部前方，盯着她的身体，以便更牢地趴在上面，防止其他青蛙靠近她。雌性几乎变成了玫瑰橙色，体内成百上千个卵子使她的皮肤被极度拉抻，颜色也因此变淡。她在等什么？这是他们配对的第三个晚上了，依然什么也没发生。毫无动静。如果不是她下巴下面轻微而有节奏的脉动，我会以为她已经死了。她什么时候采取行动？雄性一直那个样子，在她身后锁得牢牢的，他怎么知道她什么时候准备好喷射，排出卵子？我们到底在这里等什么？又过了一天。

常年来诸如此类的问题一直困扰着观蛙人。青蛙迁徙以及它们性生活的时间节律，还有它们为交配做准备时从陆地到池塘的旅程，都非常神秘。它们每年是如何准确找到通往产卵池塘的路的，多年来一直没有定论。直到近几十年，科学家才开始把有关青蛙认知能力的细节拼凑起来，结果无疑引人注目。大多数两爬学家似乎认同，就普通青蛙而言，认路的本领至少与藻类有关，或者至少与藻类的气味有关。这个"藻类理论"由马克斯韦尔·萨维奇（Maxwell Savage）首先提出，他是 20 世纪中期研究青蛙的科学先驱，他了解青蛙，至少是那些生活在他的书房方圆两英里范围内的那片田地里的青蛙。他的书房在巴尼特 *，当时那里还是农村。他的理论解释了青蛙性行为中一个奇特的影响因素——天气。通常只有在连续几个潮湿、温和的夜晚，才可以看到雌性青蛙排出卵子。萨维奇的推论是她们只是在等待藻类作物成熟。对此我可以举出一些逸事为证。如果你惊扰了一只正在迁徙的青蛙，它无疑像是知道要去哪里。如果你的手电筒碰巧照到一只，它不会逃跑，而是继续朝着某个特定的方向走；一年中这个时候，它会变得坚定不移。它们一心想着某个目的，而且它们的确也表现出逆风朝着池塘移动的行为。

还不止如此呢。我们知道青蛙在池塘附近的时候，它们的眼睛和

---

* Barnet，伦敦北部的巴尼特自治县郊镇的名称。

耳朵擅长导向，但是，青蛙能在一年中恰当的时间点选定繁殖地安家，原因可能也与其他感官相关。有些两栖类动物利用太阳找到繁殖的池塘，有些动物利用极光（比如蜜蜂），还有一些甚至能够解读月亮与星辰，或者依靠地球的磁场指引方向。我们现在依然不确定普通的青蛙会使用哪种能力与嗅觉相配合。给人印象更深刻的也许是，事实上必定还涉及记忆这个元素，因为有时候公园里池塘已经被填平了，青蛙还会出现在前几年它们产过卵的地方。

这样的事情真的让我激动不已，我酷爱神秘的事情。我欣喜地发现，青蛙这种花园里普通的小生物，也是全世界实验室里研究得最多的动物，其性生活中依然有未解之谜，它们依然将秘密封缄在微微颤动的下巴里。我猜想这就是我不得不依靠录像机去观看它们如何实际完成那项使命的原因。毫无疑问，这也许听起来像性变态行为，但是至少，我有个目标，这是我从未亲眼看过的事情，我想目睹青蛙交配，这是青蛙生命中的重大时刻。

尽管青蛙交配前的准备步骤很容易观察到，但是正如我先前提到的，这个行动本身，包括雌性挤出卵子，同时雄性从她身后授精，却很难看到。青蛙倾向于在夜深时做这件事情，当然，在没有像我这样奇怪（坦白说，的确很奇怪）的灵长类动物观看的情况下。15年来在观察青蛙的经历中，我一直没能看到这个行为。到目前为止，我的摄像机每个晚上都开着。也许昨天晚上我终于在胶片上捕捉到了这个时刻？今天早上又有了一团新的卵团，这是个好兆头。

我走进室内，打开手提电脑，快进观看昨晚的录像。屏幕上，青蛙以古怪的行动从池塘一边蹦跶到池塘的另一边。水面似乎荡漾起来，就好像使用延时摄影拍摄的潮汐。有时画面上显现出八九只青蛙，有时只有一两只。我停下录像带，按下了播放键。在实时播放模式下，画面中的青蛙大多数时候静静地趴着，头部停留在水面上。它们的喉管在水晶般的水面弄出一圈圈小小的涟漪。从卵子团深处的某个地方间或传出轰鸣，好似镜头外某个巨大的妖怪肠道蠕动的声音。普通青蛙的呱呱声每年都让我很吃惊，这与在世界各地的礼品店和迪士尼商店里都能听到的好莱坞电影里那些呱呱声是多么不同。我们的青蛙叫声更像踩在厚厚积雪上的脚步声，或是大理石使劲摩擦发出的声音，某种程度上是摩擦产生的呱呱声，一种咯吱咯吱的声音。

录像带继续播放，屏幕上，有一只体形小的雄性青蛙和处于抱合姿势的一雌一雄，还有一只体形大的雄性叉开腿趴伏在漂浮于屏幕角落的3团卵子团上。我快进播放了数小时，它们一直待着不动。雌蛙背上的雄性青蛙用前肢牢牢地卡在她的喉咙下面，对雌性来说，这个姿势看起来非常不舒服。也许这真的就是我等候的那个夜晚？

我曾经在青蛙求助热线工作过（是的，很严肃的节目），这种抱合现象引发了公众的许多询问，尤其是像**"他弄疼她了吗？"**这样的问题。我可以理解人们对这个问题的关注，尤其是雌蛙有时候会在雄蛙紧紧钳在她们背上的过程中死亡。没人喜欢看到动物被勒死，至少不喜欢看到它们相互勒死，因此，青蛙观察者们会打求助热线给我。大体说来，我对所有咨询者都抱着坦诚的态度，我得告诉他们，对于雄性和雌性双方，繁殖都是极其吃力的，通常两者都会受伤。早春的早晨，经常能见到它们筋疲力竭，眼神迟钝，毫无生机，好似搁浅的三文鱼。正如我们在自然界中偶尔看到的，雌性会以生命为代价来得到最好的基因，雄性则会为了获得最多的后代而竭尽全力。如果它们此前成功完成了繁殖，它们留在后代身上的基因将成为它们的墓志铭，由此流传下来。无论生存还是死亡，演化始终是有利可图的。只要它们至少摆正这两件事情的顺序：存活，然后繁殖。基因将设法延续下去。

的确，对青蛙中有些种类而言，哪怕死亡也无法阻挡它们繁殖。2013 年研究人员曾经观察到一种体形微小的亚马孙蛙从死掉的雌蛙体内挤出卵子，在水中授精，作家们称这种演化行为为"功能性恋尸"（阿德利企鹅就是实例！）。没人目睹过普通青蛙做这种事情，但是谁知道呢？如果确有其事，我猜想，雌蛙和雄蛙都有可能这样做。

我加快了快进播放速度。雄蛙像打地鼠游戏中那样东一个西一个地在画面中不同的位置出没：3 只、4 只、1 只、5 只。突然出现了 7 只。它们在卵子团上摔跤、翻滚。令人难以置信的是这一切都发生在离我们家前门几米远的地方，当时我们正在楼上睡觉。然而，那对呈抱合状态的青蛙还在那里僵持着，几乎一动不动，静静地待在镜头拍摄的画面角落里。它们什么时候才交配呢？

我再次按下播放键，观看那两只青蛙，检查雌蛙是否还活着。角落上的计时器显示拍摄时间是凌晨 1：42。我们的猫不知道从哪里跑出来，进入拍摄画面的背景中，好似从《爱丽丝漫游奇境记》里跑出来的生物。他匆匆喝了口水，隐遁于黑暗之中。我又把胶片快进了一点，希望这就是我期待的那个夜晚。它们的夜晚。我的夜晚。但是，没有。屏幕变成了空白。电池耗尽。结束了。糟糕，不应该是这样的。计时器显示的时间凝固在凌晨 2：34。

结果它们交配了，就像我提到的，迎接我的是它们第二天新产下的卵子团。可怜啊！这次它们还是比我聪明，我想要拍下它们交配，它们却再一次成功避开了我的镜头。都怪倒霉的电池和设计不良的、只适合拍摄哺乳类动物的科技产品。要对付两栖类，很难取胜啊。

几天后，我在傍晚时分再次光临池塘，温度大概是10℃，池塘上笼罩着潮热的雾气。现在，在池塘里，青蛙卵子团在潮湿的微风中微微颤动。卵子在生长，每一个分裂的细胞都将在几天内成熟，新生命在里面蠢蠢欲动。但是，旧的生命走了，现在到处都看不到成年的青蛙了，至少今年看不到它们了。它们下次回来的时候，将是地球返回太阳系中同一位置的时候，也就是我所处的北半球得益于普照的阳光，池塘里在有足够保障的情况下变得活跃的时候。

当然，我很遗憾没最终看到完整的交配过程。让我沮丧的是后门口这些动物再次躲过了我对它们性生活的探索。一种最古老的、一度繁盛的生物，竟然再一次胜过了我（**一个哺乳类动物！**），好难过啊！但是，不言而喻，我也因此而喜欢它们。我情不自禁。这在某种程度上也让我觉得，当动物交配成为整天萦绕在我脑海中的事情时，我居然持续一整年都不能观察到它们的交配，也不是太难以接受的事情。

如果有一件事情是我可以从这整个经历中借鉴的，那就是：我们尽可谈论有关性的一切，但是交配行为本身可能很难亲眼看到，它隐藏在粪堆中、巢箱里，或是池塘里，比如靠近我家前门的那个池塘。精子与卵子的实际交融，也就是性的最终使命，通常依然是一种神秘的邂逅，躲藏且闪避着刺探的眼睛。整个过程发生的时间把握得堪称完美。

这些青蛙，它们看到春天来临，它们发现春天的紧迫，它们预测春天降临，它们指望春天。它们的身体是敏感的仪器，接收季节变化的信号，开足马力准备交配——嗅到藻类的气息，揣测什么时候是生儿育女的最佳时刻，准备好竞争、叫嚷，如果有必要，就挥手，还有拥抱。每一年，在我的池塘里，那些青蛙是最快理解这一切的生物。它们标志着春季即将来临，它们是地球围绕太阳运转的标尺。我为哥白尼喝上一小口，再为生物界的天文学家们满饮此杯，然后，带着鼻腔里回旋的大自然的晨息爬上床。性的时节在这儿呢。

　　　　　　　　　地球上的性——动物繁殖那些事

第四章　泄殖腔的独白

在谷歌搜索中输入"哪种动物的阴茎最长？"，你就能从 8500 个搜索结果中找到答案（好样的，是的，是蓝鲸）。现在，输入点不同的，比如"哪种动物的阴道最大？"。你也许会想，这是个公平的问题，但是等等，只出来 67 个搜索结果。在我写这本书的时候，只有 67？难道你不觉得有点奇怪吗？怎么会有这样大的差距？似乎让人惊愕。

为了弄明白这个问题，我决定去一次德比郡的查茨沃斯庄园（Chatsworth House Derbyshire）。你也许认为，这里不是思考阴道的首选之地，但是，不管怎样，值得一去，理由随后分解。这个地方以诱人的河畔风光闻名于世，而且拥有灿烂的历史；游客蜂拥而至，想去看 BBC 根据《傲慢与偏见》改编的同名电影的拍摄地。查茨沃斯庄园是观看春天来临的完美之地，同时也是目睹一种栖居者复杂的季节性行为的完美之地，这种栖居者在当地数量最多，而且具有超凡的魅力。

我早早到达，留出了一天的时间。到早上 10 点，停车场有一半已经塞满了车。停好我那辆宽敞得离谱的美式汽车，我抓了把椅子支在一个靠谱的地方（现在是家咖啡馆了），盯着院子中央相当豪华的台地池塘。四下看看，到处游人如织。我和他们不一样，我来这儿另有原因。

一个人工喷泉像间歇泉一样喷着水，水花喷进了万物复苏的春天明媚的阳光中。我穿着双层连帽衫，围着围巾（春光虽明媚，毕竟春寒料峭，我还能看到自己呼出的气）。我还带着日记本。我来做关于一种生物的田野调查笔记，这种生物可是所有写性方面主题的作者们在职业初期必须朝见的。这里人流如潮，但是，直接让我产生兴趣的可不是他们的生殖器。拜托，长官，我只是来这里看鸭子的……

查茨沃斯对绿头鸭来说是个美妙的地方。许多绿头鸭要么在河里游弋，要么在长长的、养护得很好的草坪上蹒跚漫步。如果你早春时节来这里，这儿就是成群的绿头鸭的家园，雄鸭们用嘴梳理着比青草还绿的头，雌鸭们进行复杂的化学过程：把面包屑转变成它们身体深处酝酿的卵（如果你要问的话，那得归因于髓骨，就像在鲍勃暴龙身上发现的那些）。

现在是 4 月下旬，春天扭扭捏捏地来了。坐在微风荡漾的院子里，我在日记本上草草记下一些零七碎八的东西。我把双筒望远镜放在桌上，随时为划过天际线的野鸭做好准备。查茨沃斯有某些可爱之处。一般情况下，来这儿的人们看起来都很幸福，快活得叫人困惑——很像那些汽车车窗上贴着英国名胜古迹托管协会标签的人们。他们戴着鸭舌帽，从容地慢慢走着，他们只要活着就很开心。他们是那种手提包里放着面包屑以备有机会碰到野禽就喂食的人，这里的鸭子们知道这一点。以前我来的时候，多次见到成百只野鸭。

但是今天却不是这样。今天这里好像完全没有鸭子的踪影。我耐心地等了几分钟，接着我的第一个观察对象出现了。她轻手轻脚地在 20 米开外的地方到处走。隔着院子，我们的视线相遇了，她的眼睛晶亮如珠。她把我当作要丢面包屑给她的人，摇摇晃晃地走过来。她打着小跑跄在满院子无数的塑料桌腿间穿梭。她锁定了方向，直奔目标；她的自信似乎让看守院子的小狗们稍微有点紧张。她走到我面前，纹丝不动地站在离我的腿几厘米远的地方，抬起头，充满期望地看着我。我轻轻拍了拍我的口袋，仿佛她在跟我要铜板，而我却掏不出来。"对不起。"我遗憾地向她示意。

不过，进展非常顺利，因为她离我很近，我可以把她拍得清清楚楚。她非常美。凑近看，你可以看清楚她羽毛颜色是多么绚丽，那是一幅由各种褐色组成的拼贴画：棕褐色、浅褐色、红褐色、灰褐色、沙褐色、黄褐色，像高光一样遍布她全身。随着她的呼吸，这些色彩舒展、聚集在一起，好像喝醉酒时看到的带条纹的墙纸一张一缩的状态。她当即扫视我桌下的地面，寻找面包屑，接着抬头看着我，微微地倾着头，那眼神太经典了——脊椎动物发出疑问的表情。她的一只脚很滑稽地向内指着另一只脚，好似突然克服了所有的羞涩。我猜想确实是这样。她身上的"迷彩服"昭告了，她通常希望独处。很显然，她想融入背景，避免受到注意，从而保护她的蛋和小鸭。这是她和她的同类最好的办法：避免引起注意。不管这是为了防范狐狸、游隼，还是更糟糕的——那些烦躁不安的雄性鸭子，公鸭。公鸭与她的阴道有密切关系。在某种意义上狐狸和游隼却显然不是。

她发出一声礼貌的"嘎"，然后朝下一张桌子走去。我四处张望。我想："她为什么没有求婚者陪同？"我思考了一会儿，因为我对鸭子略有所知，我知道一年中这个时候很难看到雌性野鸭独自活动。我扫视其他人桌下的地面，却什么也没看到。到处都找不到雄鸭。他在桶旁边

　　　　　　　地球上的性——动物繁殖那些事

吗？没有。房顶上？没有。在礼品店里闲逛？到处都没有。她真的是独自行动吗？在那儿！在院子中间，公鸭正站在人工喷泉的边上，注视着她。他的头慢慢地、机械地动着，就好像监控镜头一样追随着她的一举一动。人们带着狗从他的正前方走过，但是，他一直目不转睛地看着她。他看起来漂亮极了。公鸭，所有的公鸭，在春天看起来都华丽无比。他们和那些漂亮的鸟一样，你在其他任何国家见到他们，都会停下来欣赏他们，给他们拍照，好回家后给朋友和家人看。这只公鸭头部和脖颈的绿色羽毛光彩如此闪亮、富有金属感，你几乎可以看到上面反射出从他身边经过的路人的影子。只有上帝知道是什么生物美发产品给了他刘海似的尾巴。我通过双筒望远镜盯着他看。他黄色的喙呱嗒了几下，我听不到他的声音，但是，他似乎正朝着雌性的方向发出某种声音。

最近几年来，科学家们对鸭子泄殖腔的秘密积聚了浓厚的兴趣，过去的几周，我很愉快地再一次投身到他们的研究之中。总体来说，根据文献，雌鸭的阴道似乎排斥雄鸭的器官。

现在，等等。进一步展开这个话题之前，我觉得有些话需要说明白，因为我知道这是阴道－阴茎学究们尚未搞明白的领域。有可靠的论据表明阴道和阴茎是属于哺乳类动物的东西，把这样的词汇用于其他脊椎动物纯属添乱，外阴部要通过演化机制和演化史才能形成。雌性鸭子的泄殖通道真的是阴道吗？好吧，可以说是，也可以说不是。用术语来说，它是位于雌鸭泄殖腔内的一条粉红色肉质管子（下输卵管），通过这条管子，精液可以进入雌鸭体内，之后，卵从同一管道出来。与阴道相同……但又不同。在本书中为了交流顺畅，我觉得雌性鸭子有阴道、雄性鸭子有阴茎的说法说得过去；该死的学究们。

所以，现在让我们接着说鸭子的阴道吧。它是个了不起而又矛盾的器官，因为它似乎厌恶一切雄性鸭子一类的动物，就好像雌鸭的阴道具有默认的排斥阴茎的模式，只有她自己能够掌控。她的阴道不仅长而且呈螺旋形，这个螺旋形的通道带有一系列死胡同，她的繁殖地带构建得好似一个遍布诱杀机关的印加庙宇。原因是同样的，毫不含糊：阻止入侵者抢占它们无权抢占的财宝。

你也许知道一些雄性鸭子耸人听闻的行为吧，因为他们并不会因为有人观察就停止性行为。基本情况是这样的：野鸭配对通常发生在10月、11月或12月，之后，整个冬天两只鸟都在一起闲逛。当春天来临，雌鸭下蛋，雄鸭就消失了。春天随便去哪个大池塘看看，你大概都会看到雄鸭；他的"任务"完成了（因为他不辅助抚育后代），他随心所欲做自己想做的事情。这就有问题了。有那么多淫荡的雄鸭在身边，剩下的任何没有配对的雌鸭（包括那些失去了第一批求婚者的），立刻成了雄鸭珍稀的性资源。竞争很激烈。就像前一章我说过的那些青蛙一样，性竞争是塑造荒诞演化作品的有力推手。这些雄鸭在激素的驱动下蠢蠢欲动，更糟的是，他们无处不在。性竞争太强大了，场面极其疯狂。一年中这个时候，大多数观鸭者司空见惯的是"企图飞行强奸"以及"飞行强奸未遂"的情形。从人的情感来说，那场面是真的不优美。

但是，等一下……"强奸"？在我们再往前推进之前，我有话要说。在这个语境下使用"强奸"这个词，我有心理障碍。尽管你已经注意到，我在描述动物时措辞很随意，而且用拟人论的语言愉快地调侃，但是谈论动物的时候，用"强奸"这个词语让我觉得很不舒服。尽管

地球上的性——动物繁殖那些事

这个词在科学文献中偶尔也有人使用，但对我来说"强奸"不是一个科学词语——完全是另一码事，这个词语彻头彻尾就该是它所包含的所有负面内涵。描述动物行为时使用这个词是有风险的，削弱了这个词语的负面含义。针对这点，一些科学家更喜欢使用"强迫交配"这个词语，而我是其中一员。就是这样。不过我们离题了。言归正传。

我们讲到哪里了？啊，对了，雄性鸭子。还有强迫交配、同性交配，以及种内强迫交配。像阿德利企鹅一样，他们偶尔也和尸体交配。这个珍贵的信息，发表在一篇论文中，标题就叫"第一例野生绿头鸭同性奸尸案例"。摘要简明扼要地写道：

1995 年 6 月 5 日，一只成年野鸭（绿头鸭）撞死在鹿特丹自然博物馆的玻璃幕墙（原文如此）上，另一只雄性野鸭强奸那具尸体，几乎持续了 75 分钟。接着作者干涉了那个场景，把死去的鸭子救出来。解剖表明，此次"强奸案"的受害者的确是一只雄性。结论为：野鸭本来是"企图飞行强奸"，结果导致了第一例记录在案的野鸭中同性奸尸的案例。

大体上，经历几代之后，一切紧张的竞争已经使鸭子的生殖器产生了古怪的改变。请允许我从描述雄性鸭子的装备开始。

生活中有一些东西，你一旦见到了，就永远无法忘怀。爆发的鸭阴茎就是这样一种景象。部分归功于马萨诸塞大学阿姆赫斯特分校（University of Massachusetts Amherst）的帕特里夏·布伦南（Patricia Brennan）教授勤奋的工作，我最近看到了鸭阴茎爆发的慢动作视频。她制作的那段视频，作为她的疣鼻栖鸭研究的一部分，在 YouTube 视频网站上几乎像病毒一样被迅速转发。视频以超慢速显示了雄性鸭子的阴茎（"伪阴茎"也许是个更好的词）膨胀到最大尺寸，直至射精的过程。这些视频的确存在。它们很古怪，至少非常让人着迷。视频中，有人用微微颤抖的手抓着一只鸭子，从鸭子体内伸出一条奇怪的、充满液体的管子，看起来有点像一个外翻过来的装满了水的气球（的确如此，鸭子的阴茎充满了淋巴液）。这根管子像被催眠了一样不断地伸长，直到突然弯曲并扭成不规则的葡萄酒开瓶器的形状。接着，当！阴茎上的皮肤拉伸到最大限度的时候，这根管子突然震颤起来，接着，从尖部喷出一点精液。大功告成。另一只颤抖的手不知道从哪里以慢动作伸出来，拿着一把尺子去测量整个还摇得叮当作响的附属物。只有 6 英寸多一点长。接着，那根管子松懈下来，变成了黑色。你需要看两三遍，才能真正理解这段视频。就像慢动作的动物气球表演。哪怕是现在，我脑海中都能重现那段视频，真让人久久不能忘却。视频的慢动作使它像"神奇画板"上绘画成形的过程一样推进。

当然，在现实生活中，一切活动都快得多，鸭子"勃起"的整个过程不到三分之一秒，阴茎以每秒 1.6 米（5 英尺）的速度从他的身体上猛冲出来，只比宴会上礼花爆炸的速度稍微慢一点（**嘣！卵子得以受精！**）。阴茎想要征服目标，而这就是公鸭的武器——雄性间的竞争常常变得惊人地紧张，在这种生活方式下，自然产生了这件怪异的东西。如果雄鸭子会说话，你几乎可以想象他们在射精时说："我赢了！"但是，在演化中，赢得太多会引发战争，正如之前我们在三刺鱼身上看到的那样。这种情况已经发生了，我们现在就要说说。雌性已经反击了，以其独特的方式。

雌性鸭子的生殖道是个小小的洞，大小刚好能容下一根爆发的伪阴茎。这个地方呈葡萄酒开瓶器的形状，与雄性的解剖学构造类似，但是问题在于，螺旋式旋转的方向是相反的，诡异万分，这几乎与公鸭子爆发的阴茎不兼容。不仅如此，它还带有额外的小口袋和死胡同。雌性鸭子的阴道看起来真的像印加庙宇。非常荒诞的杰作，演化的艺术品。为什么呢？表面上看，雌性似乎演化出这种复杂的生殖器来阻挡讨厌的雄性进入。换句话说，她们演化出了一种机制，使她们在一定程度上能选择让谁为她体内的卵子授精。根据研究，所有的鸭子有三分之一的交配行为是受雄性强迫的，而雌性产生的卵子只有3%被这种以武力取胜的公鸭授精。换言之，雌性演化出了掌控命运的手。

帕特里夏·布伦南有独家报道。她第一个确切地揭秘了雌性生殖道如何有效抗击讨厌的公鸭阴茎。她是如何做到的？很了不起。她制作了雌性鸭子解剖构造的玻璃复制品，用慢动作模式观察当雄性爆发的阴茎穿过玻璃阴道的时候发生了什么。正如布伦南预测的，沿逆时针方向旋转的雌性生殖道减缓了阴茎膨胀的速度。当雄性鸭子射精的时候，他的精子不可避免地只留在可以到达的较浅的地方，不能进入她体内更深的部位，而那里才是宝贵的卵子藏身的地方。他没能征服她，相反，她成功地把他击退了。但是，当她与心仪的雄性交配的时候，她可以选择放松螺旋的"壁垒"，放她渴望的求婚者的阴茎再进去一些，越过警戒区域。

并不是她不**想**让卵子受精（若是她不想让卵子受精的话，这样的生理构造将很快从基因库里消失）。实际上她演化出了一种反螺旋结构，而这让她能选择最适合的个体。通过放松繁殖器官，她能够放最优秀的雄性进去。她的生理构造使得她能选择最高品质的雄性，由此增加她的繁殖适应力。这也解释了生成这种阴道生殖器官构造的基因何以能传到后代身上。她的阴道具有适应性：它煞费苦心生产出尽可能好的后代，后代继续养育自己最好的后代。

演化生物学家们熟知红皇后的观念，在《爱丽丝镜中奇遇记》中，红皇后说道："你需要拼命往前跑，才能停留在原地不动。"鸭子的生殖器是阐释这个原理的好例子。这基本上是雌雄之间的性军备竞赛：他想要最多的后代，所以，他演化出了爆发性的阴茎；她想要最优质的后代，所以，她演化出了这样的阴道，断然回绝讨厌的个体，从而有一定程度的权力来基于其他因素做出选择。

我坐在查茨沃斯庄园的院子里思量这一切。这个精彩的故事很大程度上一直是隐藏的，直到最近才被我们所知。一阵冷风把我从白日梦中吹醒。那只雌性野鸭正在院子里转第二圈，她径直回到我的椅子前，歪着头，做出和我同样充满疑问的表情看着我。我认输了，分了点曲奇给她，她老老实实地一点点吃了。公鸭从院子的另一头看着我，满怀疑虑地上下打量着我，有一刻，我觉得我正和她一起欺骗他而被抓了个正着。该收拾我的东西走人了。和一只鸭子一起喝咖啡是不错，但也有点乏味。我原本以为在这个地方，我会看到好斗的公鸭和母鸭之间唾沫横飞的性事恶战，但是没有。到目前为止，我遇到的这些鸭子都太规矩了，我决定四处逛逛，看能否看到鸭子之间更多与性有关联的事件。你懂的……

我走下小山坡，经过汽车公园，穿过来往的无尽车流。长久以来，这里一直是很多冬鸭的家园，而目前这里住着的鸭子似乎很少。实际上，一只也没有。或者是我一只也看不到。现在已经是春天，大多数鸭子也许正在其他更加隐蔽的地点抚育小鸭子。到处都很安静，我继续沿着河畔往下走，接着，头顶上，我忽然注意到有三个影子横扫过草地。三只鸭子嗡嗡地掠过，翅膀好似上了发条一样拍动。它们飞行的时候还嘎嘎叫，相互纠缠不休、猛力推搡，好像接力赛运动员在手忙脚乱地抓接力棒。其中一只鸭子怒气冲冲，另一只则非常敏感易怒，还有一只拍动着翅膀，好像这关系到它的生命似的。那只渴望性的单身雄鸭正在纠缠一只雌鸭，而雌鸭的身边则是她的雄性保镖。保镖从各个方向袭击入侵者，左右摇荡。它们翻筋斗、大声争吵，旋转着飞过树丛，降落在河上，逃出了我的视线。我听到它们降落在水上的声音，极度兴奋的嘎嘎声此起彼伏，传到房子那边。

　　我肯定会看到鸭子交配的隐秘状况。虽然我依然为没观察到青蛙交媾而伤心，但我肯定，这一次我会得偿所愿。那天早上我沿着蜿蜒崎岖的河岸上上下下的时候尝试过几种方法。我坐在高高的堤岸上，从远处侦察鸭子们。我躲藏在灌木丛中，在它们偶尔三四个一队地飞过春天晴朗的天空时，随时用双筒望远镜观察它们。最后，我选定了下面这个技巧。如果你曾经去过茨沃斯庄园，你就会知道必须经过一座可爱的石桥才能到正房，而石桥正对着房子漂亮而狭长的正面。这就是你观看雄性和雌性鸭子性互动的有利据点。走到桥上，在那里守候足够长的时间，等着听夸张的来福枪声一般的嘎 - 嘎 - 嘎 - 嘎的叫声从头顶传来。仰头看天空，数一数鸭子，如果有三只或者更多，而且它们正一边相互死命攻击，一边疯狂地嘎嘎叫，你就继续看：性事正在进行。其中很可能至少有一只是雌性。很可能至少有一只是雄性，担任监护者。很可能至少还有一只是典型的孤注一掷的公鸭。

所以，天空是鸭子的性事上演的场所之一。另一个场所是水面。在桥上你可以看到河上很长的一段，左岸、右岸尽收眼底，这是一个从各个方向观看鸭子行动的绝佳视角。仔细观察。除了空中的偶遇，你还会看到成对谨慎的雄鸭和雌鸭从容地上上下下，在水边戏水。远离纷争，成双成对，守护彼此。但是，它们很少能长久地远离麻烦。继续观察，片刻，你会注意到成群的雄性像战舰编队一样在河上起伏游动。偶尔，你会看到独自逍遥的一对儿遇到那些阴险的雄性部队时的情景。那对鸭子看到即将到来的灾祸，会突然转向，朝别的方向游去——朝植物生长更茂密的地方游，回到房子那边，向天空飞。有时候它们会被追逐，有时候不会：在双筒望远镜中，你几乎能看到它们眼中的恐惧。

从早晨到下午早些时候，再到下午晚些时候，当交配最终发生的那一刻，我差点错过了。这是难免的，真的，看到那一刻纯属侥幸。我站在桥上，看着7只雄鸭成队朝我优雅地游来。突然我听到，身后天空中传来那种熟悉的雄性和雌性发情时怒骂的叫声。一雌一雄躲闪另一只入侵的雄性时发出的声音，与闯入者的大声斥责声交织在一起，此起彼伏。这支空中的"三鸭组合"呼啸而下，飞到桥下，就在同一时刻，7只雄鸭游到了同一个地方。两个团队突然正面相遇：一对鸟、一个闯入者，和7只性欲旺盛的"潜水艇"。就在桥下。我知道在那一刻，很可能发生什么事情，但是会发生什么呢？

行动发出的噪声在地面上回旋、回荡，破坏了这个地方的静谧与魅力。甚至那个看管停车场的少年看起来都受到了片刻的惊扰。我疯狂地跑过去，跑到桥下去看到底怎么了。就在那里，当我转过拐角，我看到……奇怪，不是交配（我当然没有看见爆发的阴茎），看起来似乎他们正要溺死雌性。他们几乎挨个轮流骑在她身上，当她在水面下挣扎的时候，他们用脚揉她，就像揉面团。他们正把她朝水里按。当其他雄性似乎在等待轮到他们上的时候，那只雄性保镖狂怒地用嘴啄他们，并放声大叫。他试图阻止他们的暴行，但看起来徒劳无用。她快死了。这是我无法忘却的画面，哪怕现在也不能忘怀。这一切发生在桥下也无济于事，这就像丹麦电影里具有悲剧色彩的情节。我并不对我接下来做的事情感到自豪。我曾经听在塞伦盖蒂平原工作的野生动物摄影师们说过，他们很难眼睁睁看着幼兽被狮子扯碎而不去干涉。然而，他们纹丝不动地站着，心里清楚这就是大自然。我得说对于这些亡命的鸭子，我需要做出同样的理性决定。但是我没有。我挥动双臂喊："走开! 走开! "我朝着那些混蛋野鸭尖叫道："快! 走开! "在我引发的骚动中，那只雌鸭和雄鸭终于得到了一小会儿的喘息，这段时间够它们振翅飞走了。一切都结束了。雄性部队继续朝河的下游游去，好像什么都没发生过。

尽管那天一定有几千人从我面前经过，但我怀疑只有从河对面看我的渔夫知道我在干什么。太阳下山了，我漫步离开河畔的时候，朝他微笑着挥了挥手。他看着我，一脸冷漠。我朝停车场走去。除了"桥下事件"之外，这一天精彩而有趣。我想那个渔夫一定充满疑惑：一个头脑正常的人为什么周六花一整天时间来看鸭子交配？某种程度上他有权这样想，但是问题在于，这是一个于他人无害的、孤独的追求。我好像也没有用他交纳的税款来做研究。毕竟，他是英国人，不是美国人……

2013 年 3 月 21 日，《基督教邮报》登出头条新闻：《联邦政府工作人员花费 400,000 美元研究鸭子生殖器》。随后不久,《纽约邮报》发出吠声:《政府浪费经费,包括用 385,000 美元研究鸭子阴茎》。接着,《财政时报》宣称"政府公然浪费 3000 亿",其中明确提到关于鸭子的研究。除了对使用公共经费研究鸭子生殖器表示不满,这些文章(类似的还有几百篇)还给出了美国政府近期资助项目的链接。福克斯新闻频道征询意见:"用纳税人的钱来研究鸭子的阴茎合适吗?"(87% 的回答是"不合适"。)奇怪的是,短短几周,鸭子生殖器在美国变成了充满政治色彩的媒体龙卷风中的一部分,而帕特里夏·布伦南,作为发现鸭子演化出的奇特繁殖器官解剖结构的人,成了众矢之的……

几个月后她在电话中向我解释:"没多久,事情就被搞得很大……一两天的时间,通过互联网,大家都知道了。"事件传开去了,美国政府为研究鸭子生殖器的复杂细节提供资助。世界再也不是以前那个样子了。

但是,让布伦南更加沮丧的是这些报道上的评论变得更加难听了。她简要地对我说:"随着事态升级,大家已经不再关心那些关于我们研究经费数量的事实性报道,传言变得越来越离谱。记者们对两件事情完全缺乏理解:第一,科学是如何得到经费支持的;第二,基础科学和应用科学之间的区别。"对于布伦南和像她一样的科学家们来说,基础科学是人类朝向更美好的生活发展的过程中重要的工具。她对鸭子生殖器的研究很有可能引出许多零碎的知识,开启一条由面包屑*指引的小径,带领我们走向超乎想象的丰富领域:医学、行为学、发育学和经

---

* 源自格林童话《汉泽尔和格蕾特尔》。主人公汉泽尔和格蕾特尔在森林中走过时一路上撒下面包屑,以标记回家的路。

济学。不研究，我们就永远不知道，这些门也将保持关闭。这个观念推动全世界发达国家的研究，而布伦南用热情捍卫着这个观念，让我不得不仰慕。她说："这一切的核心要点是，我们修建了金字塔的底座，而这座金字塔的塔尖上的那些东西能直接影响人类的健康、经济福利以及其他一切方面。整个体系都以基础科学为基石，关于鸭子生殖器的研究正是其中一部分。"

但是在媒体掀起怒潮期间，布伦南担心的还有第三点。"潜在的暗示是，花钱来研究性和阴茎是有问题的，有点过于伤风败俗或者离经叛道。"在《写字板》杂志＊上，布伦南以表述得当而机敏的反击（标题为《我为什么研究鸭子生殖器》），坚定地捍卫了她的研究，并以确切的事实强调，除了鸭子，也许找不到更好的研究对象：一种大部分情况下都是一雌一雄配对的脊椎动物，偶尔展现出充满暴力的性强迫——听起来很熟悉吧？布伦南干得不错。实际上，我希望更多关于生殖器的研究能得到类似的资助。我猜想只要我们有资源去调查，其他许多常见动物的隐秘世界中也掩藏着类似的精彩故事。

我离题了。言归正传……

我在本章开头提到了分别输入动物雄性阴茎和雌性阴道时谷歌搜索结果的明显差异。快速搜索谷歌新闻，查"阴茎"，显示出102,000个结果。搜"阴道"呢？相对来说极其少量，才17,900（其中还包括排在最前面的三个头条新闻"百男谈阴道"）。扫一眼谷歌学术，"阴茎"搜

＊ *Slate Magazine*，成立于1996年的美国知名网络杂志，唯一入选期刊100强的网络杂志。目前尚未有官方的中文翻译，slate有很多意思，包括可以写字的石板、木板等，翻译为写字板，表明该杂志文字信息包罗万象，态度开放。

索结果有 431,000 条，而"阴道"有 469,000 条，表明这并非学术偏见，因此，也许这反而代表了媒体的一种取向和偏好？新闻编辑们迷恋阴茎？广告商们对于探讨阴道的想法犹豫不决？

严肃地说，尽管关于动物阴茎的文献的确显得相当充裕，但都大同小异，所论述的不过是几则类似的报道。我读了太多关于臭虫以及它们如何用"阴茎"（明显地）绕开雌性的战备区域"阴道"并刺入其腹腔壁的故事。我听够了关于老鼠及其灵活的阴茎的一切报道。我厌倦了香蕉蛞蝓以及它们用力咀嚼对方阴茎的胃口。抑或蝎蛉（又名举尾虫）的阴茎大得可以当作抗击蜘蛛的武器。猫的阴茎上长满倒钩，有趣吗？对！但是有新意吗？不。相对于身长比例而言，藤壶的阴茎是动物世界中最长的，而且可以为邻近的同类授精。太棒了！一些章鱼有长长的阴茎触手，可以从身体上分离出来，不需要辅助地游向雌性。不可思议！不过，这些我以前都听过了。这些了不起的故事都非常有趣，我无意轻视它们。只是，对于每一种动物而言，阴道（或类似的器官）都有一个精彩的故事要告诉我们，只要我们能观察，或找到更好的方法去调查研究。世界需要更多有关阴道的故事。

查茨沃斯之行几天之后，我听说英国广播公司《观察春天》（Springwatch）节目组那天也去了，而且，神奇的是，他们当时正在报道鸭子的性。《观察春天》是英国广播公司"野生动物"栏目的主打节目。每年有几周，热爱大自然的人们陶醉于追踪约 20 只幼鸟的生活，通过遥控相机关注它们，看它们受到高温、洪水或极度严寒侵害的状况。这个节目是国家的财富。似乎纯粹出于偶然，我和《观察春天》节目组在同一个星期恰好选择了同一个地点。知道这件事之后不久，我和参与节目录制的一个研究人员有过一点书信往来，她告诉我："我们选中这个地方是因为几年前就有人研究过这里的鸭子。"我假装对此研究也有了解，但实际上我一无所知。我想，我只是眼光好，知道鸭子会在哪里交配。

不过，《观察春天》参考的那项研究很重要，因为该研究考察的是雌性会评估雄性的哪些方面，以及雌性"允许"哪些雄性为她的卵子授精。这将引出进一步的研究，并有助于说明是什么驱使雌性夺回主动权，让阴道发言。答案非常简单。性病，通过性传播的疾病。这很可能至少是那些雌性野鸭演化出如此苛刻的阴道的原因之一。这个理论完全合理：雄性鸭子的阴茎越是善于钻营，他就越有可能沾上更多的寄生虫，因此，他的阴茎更有可能被寄生虫感染。那演化如何回应呢？演化偏爱雌性，给了她选择健康免疫系统的识别器，并促进阴道演化，使之能够杜绝强行入侵，降低感染的可能性并帮助它们延续自己的基因。

那么健康、无疾病的公鸭有哪些标志呢？回到第二章，我们看到雄性三刺鱼呈现出深浅不同的红色。对于雌性野鸭来说，要选择的颜色似乎是黄色，即黄色的喙。春季，只要你四处张望，就会发现那些公鸭。绿色的头，尾部有卷曲的流苏，以及显眼的黄色喙。再仔细观察，你会看到在一个种群中，公鸭的喙呈现出众多不同深浅的黄色，有的像纽扣一样鲜艳，有的暗淡，呈浅褐色，还有的根本不是黄色。雌性的策略很简单：把赌注押在黄色上。这是个精彩的故事，演化中的生殖器之舞，几乎本身就阐释了其内涵。

在到访查茨沃斯后，我开始注意各处的鸭子。像雌性鸭子一样，我给那些雄性打分，凝视他们的喙，那显然是品质的忠实信号。我朝雌鸭微笑——她们是幸存者，在演化中夺回控制权并生生不息繁衍的幸存者。我赞叹每一只鸭子黄色的喙，并设法从脑海中抹掉那个以慢动作爆发的阴茎的影像。也许，最令人吃惊的是，我开始喜欢在我的男士皮包里装上一小袋面包屑（说实话哦）。

人们常常笑话鸭子，鸭子的形象有点喜剧性，但是，我们从它们身上学到很多，它们提醒我们，性是双方的事情。每一个阴茎，每一个阴道，都有自己要讲述的故事，它们相互以身相许，各自有美妙之处。顺时针方向和逆时针方向的葡萄酒开瓶器。竞赛永无休止，没有赢家。两支选手，一个故事。或许新闻编辑们会很好地记录下来。

第五章　复杂的阳茎构造

　　我对蜻蜓有好感。它们是真正带着目的飞行的昆虫，知道要去哪里，也知道自己在做什么——这类动物比我们哺乳类早几百万年达成完美的解剖结构。这些昆虫在恐龙时代之前身体结构就稳定下来，没有任何理由再去改变。当然，它们极其滥交。这种动物直接挑战了达尔文有关性的重要思想，以及他先前认为雌性通常只是"被动地"旁观雄性竞争的观念。蜻蜓展示给我们的世界是：雄性以及雌性都通过多重交配获益很多。

　　下面就要讲述另一个有趣的阴茎故事了。雄性蜻蜓的那个东西是一个小小的怪异的附件，像许多非脊椎动物的阴茎一样，形状有点像马桶刷。演化成这样，是为了清除残留在雌性繁殖器官上的任何其他雄性的精子。看蜻蜓交配，你可能永远不知道雄蜻蜓在干什么。他吊在雌蜻蜓的身上，腹部向下插入雌蜻蜓的生殖器开口，然后就开始办事了。有些种类的蜻蜓结合时几乎形成一个心形，它们可以这样连在一起几个小时。雌性会在池塘里产一些卵，但有时不会。如果她选择不产卵，雄性最终会失去兴趣并解锁单飞，去找其他雌性碰碰运气。她也许会一次又一次地与其他雄性交配，而每一只雄性都将试图把竞争者的精子从她的生殖道中刮除。没有一方是被动的，至少蜻蜓的阴茎是这样告诉我们的。但是，阴茎能告诉我们的还远远不止于此。

稍等，我知道你在想什么。阴茎？我认为我们已经说完了？前面的章节我一直在抱怨它们被过度报道，而且已经被讲得太多。的确如此（尤其是说到蜻蜓）。但是请容忍我一下，因为，一些阴茎可能揭示的不单是关于性的真相，至少，只要你睁大眼睛看……

在前一章中，我提到阴道和阴茎各自讲述的是同一个故事的两个部分，前者演化出的特征旨在让品质最大化，后者的特征则旨在让后代的数量最大化。然而，意译一下乔治·奥威尔（George Orwell）* 的说法，一些性器官可能比其他器官更平等。有证据表明，对无脊椎动物来说就是如此，因为这些动物的阴茎确实有更大的价值——至少对花毕生精力研究阴茎的分类学者们来说是这样。没有他们，我们对它们的多样性的认识就会受到阻碍、抑制，而这是很不幸的。

因为在查茨沃斯桥下没看到多少东西而短暂地失望过后，我决心一定要看到某种动物的阴道。作为研究，我需要借助显微镜或者其他方式"凑近某些器官并与其建立私密关系"。但是，我应该重点关注什么呢？龙虱？长脚盲蛛？蓟马？蝎子？水蝎？拟蝎？遇到无脊椎动物的情况，如此多样的选择立刻便会激发敬畏之心，然而，也让人头晕目眩、难以抉择：种类实在太多了。就好像在糖果店里的孩子——店里的糖果有生殖器——我努力做选择。我应该重点选哪个？我应该向谁咨询？我在节肢动物令人炫目的海洋里转了一圈，然后才想起，过去三个月，我

---

* 英国著名小说家、记者和社会评论家。代表作有《动物庄园》和《一九八四》。

几乎每天都看到昆虫的生殖器，这归功于我在推特（Twitter）上关注的专家莎伦·弗林特（Sharon Flint）。石蛾的生殖器，石蝇的生殖器，甲虫的生殖器。我的时间轴几乎都变成色情的了，其中一则消息写着："非常漂亮的成年石蚕 *Ecclisopteryx dalecarlica* 雌性的生殖器"（她上传的照片上是某种令人不安的、看起来像蛇头一样的东西，但不是蛇头）。下一则消息写着："雄性襀翅目卷蟥科昆虫（*Leuctra geniculata*）的生殖器。在我们本地一条河流的木桥上，昨天有好多这种昆虫在交配。"（那个生殖器看起来有点像喜鹊羽毛。）再过一天，下一则消息是"非常有特色的雌性沼石蛾 *Allogamus auricollis* 的生殖器"，同时发布了另一张照片。照片上的东西看起来圆圆的、球根状、稍微有点肿胀，像个胖娃娃的头。这个生殖器部件很吸引人，但是仔细看看，它们都各有魅力。我要感谢莎伦（还有推特）让我在业余时间越来越关注生殖器。她肯定是给我讲述昆虫生殖器的完美向导，或许也是让我获得第一次体验的完美人选。我冒昧地拿起电话，拨了她的号码。

＊ ＊ ＊

有一段时间，我才刚踏上探索动物的性的旅程。那时候，单单想到要拜访一对从未谋面的夫妇，坐在他们的客厅里谈论昆虫的生殖器，就会让我紧张不安。但是现在，我与这两位陌生人面对面，坐在他们家客厅里一张无可挑剔的皮沙发上，用他们最精致的杯子喝着咖啡，听他们详尽地讲述昆虫的阴茎。现在进入第五章了，感觉很好。

莎伦与我想象中的形象如出一辙，她直率而且对无脊椎动物充满热情，还夹杂着一点搞笑而格调高雅的幽默。在推特之外，生活中的她带有一点哥特式公主的气质——喜欢引人注目，同时又融合了她自身的风格。她的丈夫彼得是昆虫学家，曾任兰开斯特大学的讲师。在很多方面，他是阴，而莎伦是阳。彼得任何时候都表现得深思熟虑、条理清晰、轻声细语（让我想到《我的家人与我的动物们》中的西奥多，西奥多在现实生活中对幼小的杰拉尔德·达威尔可能就是这样）。他们两人一起把昆虫分类贯彻到了行为举止的方方面面，让我立刻意识到面前是世界级的专家。

他们比我以前见过的任何自然学家都更加整洁——这是我非常羡慕的。我们交谈的时候一滴咖啡溅到桌子上，我赶紧用袖子擦干净，希望他们没有注意到。他们家四壁摆满了书和史料期刊，有人会给室内设计师几千英镑来试图效仿这种装修风格。我们坐在古董咖啡桌两边，桌上放着一本旧书，摊开来以便我阅读，书中有一大堆不知名的昆虫的生殖器图解。闪闪发光的勺子、餐巾，加上（我认为）"最好"的碟子，还有一些精选的（我认为）"最好"的饼干。我又看了一眼，饼干摆放得完美整齐。和分类学者在一起的标志就是：连饼干都摆放得整整齐齐。

莎伦对石蛾尤其感兴趣，这已经成为她的"事业"。在这里我要声明一下，我关于石蛾的知识简直少得可怜。像许多博物学者一样，我能很快地识别它们的幼虫——古怪的、像蛆一样的生物，用池塘里的碎屑为自己建造小盒子——但是，它们长成成虫时，我很纠结。老实说，我与成年石蛾打交道，只是在不小心撞到布满石蛾尸体外壳的蜘蛛网时，把它们的尸体从我的头发里揪出来。

不过，石蛾成虫是很漂亮的昆虫。通常它们长着漂亮而平滑的触须，休息的时候，脉络清晰的翅膀紧密而整齐地贴在身体上。上帝还赋予它们一种我所喜欢的"敦实"的感觉。在英国，据说有198种石蛾，但是大多数人（比如我）辨认寥寥数种都很困难。

"分类学家们在鉴定中要看生殖器，因为每一个种的生殖器都不同，"彼得搅了搅咖啡，说道，"一只雄性和一只雌性结合，就必须是同一个种，就好像两片契合的拼图……"我连连点头。莎伦接过他的话头说："我们通常采用雄性的生殖器，因为雌性身体内部的情况更难观察到，雌性阴道组织通常更软，而雄性的通常更硬，所以易于观察、检测。"彼得对莎伦使用的"容易"一词轻轻笑了一声—— 他们两人都非常了解，这个课题需要像鹰一般的观察技巧、毫不颤抖的手以及关于种与种之间生殖器差异的百科知识。对昆虫生殖器的把握谈何容易。

不过，好像的确有多种多样的差别，我会给它们分类。莎伦上传到推特上的照片展现出拉尔夫·斯特德曼（Ralph Steadyman）*插图一般迷幻的涂鸦风格。带有黑猩猩眼眶一样构造的阴茎，带锯齿边的阴茎，钩状的、刺状的、像构造新颖的钳子一般的阴茎，还有构造普通的钳子一般的阴茎。她拿更多图片给我看时，我已经头晕目眩了。

莎伦起身去烧水续咖啡的时候，我问道："我能看一下这个吗？"他们点了点头，我把咖啡搁到杯垫上，身子前倾凑过去看书。莎伦在厨房里大声说："那幅图片是美洲脊胸长蝽的生殖器，雄性和雌性交锁在一起的。"我扫视了一下，立刻充满了不安。我根本不知道那张图片上是什么。我看不出所以然，简直就是一团糟。生殖器？口器？我突然意识

---

* 出生于1936年，威尔士著名艺术家。

到我得花点时间才能缓过神来，得花几分钟。彼得坐在那里看着我。花了太长时间，我很慌张，意识到我的科学外壳在专家主人们面前被吹掉了。我双颊发烧，微微出汗。那页纸上看起来根本不像生殖器，倒像是有人画的某个未知而陌生的城市的地铁交通图。通道、标签和线条组成的旋涡令我眼花缭乱，而且根本找不到我熟悉的标签。内阴茎、阴茎基底、中输卵管、阳茎、下生殖腺……我的眼睛扫过那个页面，我的紧张与拙劣现在一定被莎伦看穿了，她端着续了杯的咖啡回来了。**肛门**！找到了！我的食指在那个注释上敲着，耶，我知道这个词。我继续扫视图解，**直肠**！耶，我还知道这个（感谢上帝，图片里有很多）。贮精囊！至少我可以想象那个器官起什么作用，但是"阳茎"呢？

最终，我认输了，朝主人们求助。彼得和莎伦礼貌地告诉我，这个"阳茎"就是我所以为的阴茎。啊，阳茎，我的老朋友。突然，那幅图开始有点意义了。这个阴茎看起来像一个混乱的、愤怒的蛇头，套在垃圾袋（用恰当的术语来说，是雌性的"生殖腔"）里。我可以弄明白精子到哪里去，卵子从哪里来了。似乎屏息几分钟后，我第一次呼出了气。实际上，这是一个相当精美而优雅的系统。而他们告诉我，每一个物种都有其复杂的构造。

据莎伦和彼得说，是什么促成昆虫生殖器的复杂构造还是个有争议的话题，每个物种身上也许都有几个竞争或补充因素。它们的交接器原基（phalluses）也可能受雄性（或雌性）之间的竞争影响，或受占据相似生态位的物种数量，以及这些竞争者在它们的幼虫栖息地出现的时间与地点影响。毫无疑问，季节也是一个因素。阳茎（aedeagus，复数形式为 aedeagi）也许受基因影响，从而间接受到其他因素，比如食谱或相关生命史特征的影响；雌性努力确保只有品质最高的雄性能获得她的基因奖品，这也可能造成影响；很可能，正如鸭子的生殖器一样，这两种身体器官随彼此的演化而演化，在"红皇后战役"中周而复始。所有因素都有可能。不过，对有些物种而言，也许一个因素都不是。

"他得确保他能够进入，或把精子注入正确的位置，就如同她的生殖器官要求的那样准确，"彼得坚定地说，"当他的器官锁定在她的体内，他们就准备好了，但是……"他制造了一点小紧张才继续讲述："……重要的是，他也需要确保一旦锁定，没有任何雄性可以插一脚。"莎伦坐在他身边点头。"他们必须锁住，他们不得不这样做，否则其他雄性会捣乱。换句话说，竞争对手会捣乱。"她补充道。

许多昆虫防止他者干涉的万无一失的方法是用阴茎插入雌性的生殖腔，只要其在因交配而丧失活动能力的这段时期内不被吃掉（在最有利的状态下落入蛛网都很难逃离，更不必说屁股后面有只雄性通过阴茎挂在那里了）。然而，把阳茎等同于哺乳类动物的阴茎也许有点夸大事实。它更像腹部改良过的一个区域，里面有坚硬的（角质化的）副翼以及钩子，有时候带有厉害的钳子（叫作瓣膜）。毫不夸张地说，至少在近期 DNA 分析上取得进展之前，如果没有阳茎，我们就不可能对地球上的无脊椎动物有宏观理解。

事实上，许多标本库保存的并不是用大头针固定的标本，而是动物的阳茎，是在萎缩之前精心而细致地从死去的昆虫体内拽出来的。据博客写手"虫虫女孩"（Bug Girl）称，做这项工作甚至需要一种叫作"阴茎爆破器"（Phalloblaster）的机械才能完成。这种便捷的套装工具带有增压喷射式酒精炉，像工业气球鼓风机那样，把昆虫的生殖器吹起来。酒精蒸发，确保昆虫身体组织变硬，这样可以有更多的时间便利地研究阳茎。这个工具适于送给无脊椎动物爱好者做圣诞礼物。

昆虫世界中阳茎极其多样，以至于萌生了其自身的博物馆。澳大利亚悉尼交配器官博物馆（The Museum of Copulatory Organs in Sydney）是艺术家玛利亚·卡多索（Maria Cardoso）的劳动成果。一段流行的评论这样阐释她的艺术作品："这些雕塑旋转、扭转成复杂而不可思议的形状，纯白色映衬着周围的黑色，美丽而让人心神不宁——希腊雕塑中的洛夫克拉夫特*式的恶魔。"我猜想我正坐在莎伦和彼得自己的博物馆里。

莎伦问道："你想来隔壁看看吗？"我使劲地点头，因为我知道那是他们工作的地方。我们走进去，他们的厨房和客厅一样富丽堂皇、井井有条。大部头学术书籍、无数分类要目、古老期刊、收纳盒子在墙上排成一排，毫无疑问，是按照字母顺序排列的。餐桌上是两台显微镜，还有几个木框玻璃盒，每个盒子里装有 10 到 15 只闪亮的甲虫，每只甲虫都被精准地固定住了，并附有标签说明。

我在桌边坐下来，无心地凑过去，仔细看显微镜下面的东西。一对死去的石蛾瞪着眼睛回望着我，它们牢牢地处于交配状态，唯有死亡可以被视为打断了它们缠绵的因素。这两只昆虫都差不多有一英寸长，但在显微镜下它们的眼睛看起来像大理石，松软的口器张得大大的，呈某种震惊至极的状态。我赞叹它们毛茸茸的翅膀（它们的学名毛翅目就暗指此特征），还有它们强壮而毛茸茸的腿。我试着调整焦距，以便更好

---

*　H. P. Lovecraft，美国恐怖、科幻、奇幻小说作家，20 世纪影响力最大的恐怖小说作家之一。

地看它们的生殖器。这简直难于上青天。看起来就好像它们的腹部融合在一起——几乎是一个完整的身体。它们躺在那里，屁股对屁股，实际上，我无法分辨哪里是一个身体的末端，另一个身体又是从哪里开始的。

"左边这个是雌性？"我猜测说。"不，体形小的个体是雄性。"莎伦在我肩后说。我眯了一下眼睛。"很难看到生殖器，因为它们紧紧地勾在了一起。"她边说边把一组工具拖到了我的面前，那是一根小小的金属棍，还有一些各种尺寸的镊子。她对我说："请随意。"然后把杯子放回厨房去。"随意做什么呢？把它们拆开吗？"我问道，突然又变得紧张起来。"啊，我是说随意看一下。"莎伦答道，她的人影不见了。我拿起一把我能找到的最小的镊子，决定看一看这对石蛾抱得有多紧。我盯着显微镜看，石蛾已化成僵尸，纹丝不动。我把镊子滑进视野，一时间弄糊涂了：第一，显微镜下我的镊子显得不切实际地硕大；第二，镊子和我的手看起来到处乱颤。目镜下只有一片凌乱不堪的景象。我缩回手，检查了一下，我的手没有问题，它是完全静止的，在我看来很稳。然而，一旦再次透过目镜，我又看到镊子抖动不已。我意识到，我的手不适于仔细分析生殖器。我试了好几种技巧，想让我的手稳住，以操控镊子把雄性和雌性分开，但是不管用。就好像对着镜子自己剪头发，我无法协调自己的手，让它听从使唤，用工具做我想让它做的事情。那两只石蛾嘲笑地回望着我——安然无损、桀骜不驯。彼得回到屋里，注意到我拿镊子的笨拙姿势。

"朱尔斯，别担心，对付那套工具需要经验，"他和蔼地说，"操作的时候学习该把手放到仪器的哪个位置，慢慢来，学着非常轻柔地使用镊子，而不把东西钳碎、折断或是切成两段。"我猜想每一个专业的或有经验的昆虫学家早期档案里一定都有废弃的破损标本，哪怕是彼得和莎伦。他继续平静地说："多数事情都教得会，但是没人可以教你灵活使用双手，这一点必须自己学会。"莎伦走进来，注意到我有点垂头丧气，她插话道："刚开始时每个人都会把标本弄坏，或者最后丢到房间另一头，完全找不到了。只要你留着生殖器的所有构件，通常来说就够了。"

　　莎伦和彼得各自给我展示了他们的技巧。他们熟练地对标本进行对焦、拉拽、梳理、撕裂——我静静地看着，心怀敬畏地听他们不需要查看任何参考书就引经据典介绍每一个标本、说出它们的学名。看着他们的工作，我不禁觉得他们自身也许也是即将绝迹的物种了——学术界常说的所谓"分类学者之死"的受害者。随着"DNA 条形码革命"的到来，莎伦和彼得的知识一定会丢失，到那时候，物种鉴定将只需要足够的碎屑以获得好的 DNA 样本，就可以通过电脑程序确定物种。我问他们是否如此，他们认同在理论上，"DNA 革命"听起来很了不起，省时、省力且省钱，然而……我可以看出，考虑这个问题稍微给他们带来了一点刺激。将来某一天，显而易见，他们的存货——关于生殖器的知识——将被收入皮面装订的大部头中，躺在架子后面，也许会被未来的人们忘却；他们有关昆虫生殖器的本土方言也会绝迹。钳子、针、镊子——达尔文同样使用过这些工具；珍贵的技巧与知识代代相传，父亲传给儿子，母亲传给女儿，老师传给学生。一百年后，我们将如何运用这些知识呢？我们会嘲笑从前这种甄别昆虫物种的最好方法吗？抑或，我们会哀悼那些失传的技巧和知识？也许昆虫生殖器将成为有绅士派头的追求，就像那些百无聊赖的维多利亚人学习挪威诗，或是现代人收集埃迪·斯托巴特的卡车。看完莎伦和彼得的工作，再继续观察这些非凡而奇特多彩的身体器官，我竟然有点莫名的悲伤，从未料到会有这样的情愫。

　　我离开之前，有人敲门，彼得去开门，来访的是他们的朋友泰瑞·惠特克（莎伦称他为非凡的鳞翅目学专家）。泰瑞是个多面手，值得称道的是，他是地球上极少数研究婆罗洲螟蛾的人之一。有30%的螟蛾显然从未被描述过，而且其生殖器几乎都需要详细审查。泰瑞只是"路过"，顺便拜访（我猜想昆虫学者的生活就是这样吧：世界一流的蛾类研究专家来敲你家的门，仅只是因为他正好在这附近）。泰瑞和莎伦、彼得一样，可以像脑外科医生一样舞动一把镊子，灵巧地拉出昆虫的生殖器或口器，好像他一生都谙熟其道（很可能确实如此）。房间里的人开始大谈有关分类学、珍稀物种、实验室技师、针镊以及模式标本的话题。就像聊阳茎的话题一样，我没有多少可参与的，就坐在那里，沐浴在他们高涨的热情中，很荣幸地看昆虫学家们在自然的氛围中交谈。

　　后来泰瑞走了，来也匆匆，去也匆匆。我们又喝完一杯咖啡，我收拾好笔记，最后看了一眼拿出来展示的标本，它们散铺在饭厅的桌子上。一个想法忽然闪过脑海，我鼓起勇气问道："是什么驱使人们想要知道这些复杂而古怪的生殖器的构造？纯粹为了寻求分类秩序，还是为了更深层的东西？"莎伦仔细思考了几秒，接着，她诚恳地说道："我觉得我是因为对它们太入迷了，我想做些与众不同的事情。我从来不随大流，我喜欢做大多数人都不感兴趣的事情——我童年时就是这样。我

第五章　复杂的阳茎构造

从来不赶时髦，而且我以前就喜欢收集东西——上学的时候我收集过很夸张的耳环，还有陶器。"如此说来，石蛾生殖器相当于夸张的耳环？"我插了一句。她大笑起来，说："是的。我想是的。""我有一点古怪，不过，我猜想许多昆虫学家在圈子里都有此声誉。"她再次大笑起来，彼得微笑着，朝我倾过身子，以平和而心照不宣的语气说道："当然，除了我们自己。因为在我们看来，我们是正常的，是其他人都很古怪。"他微笑着，趁我没反应过来的时候使了个眼色。

从莫康比开车回家的这段漫长旅程是激动而快乐的，我很高兴生活在这个年代，有幸见到像莎伦、彼得、泰瑞这样的大师，他们所从事的专业领域，可以让我的大脑在其中快乐地徜徉。这次访问在某些微小的方面改变了我。一回到家，我就从阁楼里翻出了显微镜，约十年来这还是头一次。我到户外去，收集了粘在蜘蛛网上的四只死苍蝇，把它们脆弱的尸体拿到楼上，逐一放在载玻片上检查。我把目光锁定在每一只苍蝇身上，伸手去拿我那锈迹斑斑的镊子（自从上大学就没有用过了）。头三只苍蝇我设法完全浸软了，可是，第四只……好吧，让我们姑且说它浸得半软了吧。现在有某种东西悬挂在苍蝇屁股外面了；如果我眼花了，而且非常使劲地眯眼睛，我会说服自己：我有生以来第一次见到了阳茎。我们当中有多少人可以说出这句话呢？随着时光流逝，我估计人数会越来越少。真让人伤感啊。

第六章　精液铸就的城镇

　　爱丁堡动物园发布的新闻稿上，一位发言人如是说道："如果大熊猫能自然交配那当然很好，但是就全球自然保护行动以及我们的雌性大熊猫甜甜的个体生物学来说，人工授精是退而求其次的最佳举措。在野外，雌性大熊猫会开放 36 个小时的繁殖期与好几只雄性大熊猫交配，以获得受孕的最佳机会。但在动物园里，这是不可能的。"

　　这对我的大熊猫女士甜甜来说不是个好消息。大熊猫的性事再次失败。然而，今年动物园决定不再冒险等上 12 个月，而是用阳光的精子给甜甜进行人工授精。这实属没有办法的办法了。

　　两只熊猫都表现很好，进程相当符合计划。阳光完成程序后，爬起来活动了三十分钟，两小时后恢复正常；甜甜恢复正常的时间稍晚一些。星期天早晨人们就看到阳光重新去做他最喜欢的事情——吃东西、在户外区休憩，而甜甜这天早晨则在外探险。

　　报纸与这个故事一起流传，英国广播公司网站上选用的照片显示甜甜用前肢捧着头，看起来因不得不接受人工授精而垂头丧气。若是故意的，那么这张照片似乎严重判断错误。《每日邮报》的网络新闻头条如是写道："鸟儿可以做到，蜜蜂可以做到……但英国唯一的两只大熊猫却需要试管授精，因为它们不能一起造出个宝宝。"（下面的评论栏里列出了一则公众评论："这是人工智能，而不是人工授精。"）

天真地说，如果进展不顺利，我也不会奇怪，兽医们会人为地让她很疲劳，即便他们总能弄到一大堆雄性大熊猫的精液，随时备用。一天之后，我从报纸上看到，他们用来给甜甜授精的不单是阳光的精液。他们还注射了之前从一只叫作宝宝的大熊猫那里采集来的冰冻精子，宝宝是去年在柏林动物园去世的一只大熊猫。我根本不知道场景背后还有这样的备选计划。我像其他人一样囫囵看着新闻报道，关于它们俩的交配情况的故事即将展开。据报道，甜甜受激素影响，变得暴躁，阳光在做倒立。戏剧性的场景、气氛渲染、交配、乐趣，我被这些所吸引，可最终不过是有点冷漠的例行公事。

我和那两只大熊猫只有极其遥远的关系（毕竟我观看她的屁股不足 15 分钟），但我忽然为它们感到难过，有些奇怪的感触。老实说，我觉得有点受到了欺骗——骗我的不是它们，而是动物园那些讲故事的人。

我想这若是能给我们些启示，那就是，你可以在书里（甚至就在这本书里）写出各种求偶策略，但是如果精子最终没有与卵子相遇，一切都毫无意义。对大熊猫保护者来说这就是关键。这件事情不发生，随着时间推移，大熊猫这个物种的濒危程度就更深。

因此，我开始思考精子和卵子——性的基础。策划我的"性之旅程"时将这些关键要素包括进来，我稍微觉得有点过意不去（感觉这些应该单用一本书来写，由别人，而不是我来写），但是，我让步了。我对我的朋友莎丽·贝特（Sally Bate）说了番醉话之后，她给我提供了一个切入话题的方法。莎丽是一位给马看病的兽医。我跑去找她得怨她，因为她大致向我讲了一下赛马交配的过程，我就觉得必须把这部分内容写进来。来回发了几条短信之后，我们就约好了，她最后一条短信写道："朱尔斯！星期一下午一点见，谈马的交配。从入口进来往上开车一英里，往左拐，把车停在院子里。哦，对了，你可以带妻子和宝宝一起来。"（带我两岁大的女儿一起去，这个决定也许会让我将来要花好多钱给她上心理辅导课。）上帝保佑吧……

我们首先得问：我们为什么对马的精子感兴趣？好吧，我会说因为它是这个星球上最贵的液体。种马睾丸能点石成金，它将原子构建成的基因密码打包，装在小小的可游动的精子细胞里，每次射精喷出几百万个精子，可以卖到 5 万英镑或更多。种马的精子驱动了一个产业，为整个经济提供动力。

弗兰克是第一个让我感到困惑的。弗兰克是一匹马，一匹著名的马。2013 年 10 月，他从赛道上退役。在此之前他曾连续 14 次赢得比赛，最后一次是在英国阿斯科特的冠军锦标赛上。现在他开始了种马生活。在赛马生涯中，他曾赢过 300 万英镑的奖金，但是听听这个：在他享受幸福的退休生活时，他的精液也可为他（或者说是他的主人）赚到相当于那笔奖金 30 倍的钱。他有获得数百万美元身价的潜力，也就是说，只要他愿意。而其他许多种马却不行。

证据表明，种马的生活并不比赛马清闲。按照预期，这些种马每天要与一排热切的母马交配四次，母马的后面还跟着一边观看一边写支票的人类随从。有人告诉我这里的确是一个奇怪的世界：有奇特的门和台子、不寻常的马鞍以及方便观察的平台，我妻子和我的孩子即将要到访并睁大眼睛从那里观看。

这一切就这样开始了……

纽马克特是个有趣的地方，离 A14 公路不远，远远越过在北安普敦郡消失的群山，绵延深入东部沼泽地带。沿途经过的村庄很可爱——哪怕你去的那天天气阴郁而昏暗，它们也会给你留下阳光灿烂的回忆。在那个地方，一年四季都能看到人打板球，墙壁上的海报是老式剧场制作的著名笑剧广告。继续开车穿过村庄，你就会进入纽马克特。在这里，农场的田地给大片开阔的小牧场让道，左右两边汽车道上铺路的材料从碎砖变成沙砾、混凝土，再到抛光的鹅卵石，再到一地金黄。一点一点地，金黄的油菜花变成最明亮的绿草，那草看起来鲜嫩可口——当然，如果你是马的话。再靠近一些，你会发现，沿着你行驶的每一条道，左右都有另一条路，隐藏在灌木篱笆墙后面。那是给马儿留的路，完全与你开车的路分开。这是马儿们小小的高速公路，这样，它们在镇上往返就不会被惊到。正如我说的，这儿的确是一个奇怪的地方，在这里马儿的生存与安全是至高无上的，因为，每一匹马儿的脖子上都挂着一个硕大的身价牌，还有一个身价牌骄傲地裹在它的生殖器上。

许多人把纽马克特看作世界纯血马赛马中心，这个地方无疑是英国马匹繁殖的首要之地，资金从这里涌出，覆盖整个当地经济——据说，这里每三份工作就有一份与赛马有关，其中也包括种马场。这里的乡村房产经营者不是普通的养只猎兔犬的酒鬼，你的房东有可能是阿拉伯王子，或是其他国家的领导人。

我们继续驾车前行，我已经吃惊不已。十分钟后，我们找到了种马场。我们沿着种马场一英里长的"玩具城"车道前行，停在一个古雅的庭院里，四周环绕着各式由谷仓改造成的新办公室和带有蓝色板岩搭成的遮阳篷的时髦马厩。莎丽一边朝我们的车走过来，一边面带笑容朝我们挥手。

莎丽人非常好，是一位了不起的兽医。她对待动物和它们的人类伙伴，都是以50%的确凿事实，再加50%的关怀与理解。她天生是个兽医，像大多数兽医一样，出生就戴着乳胶手套，还不会走路就会打扫马厩了。尽管她实际上是我妻子艾玛的朋友（上大学时，她们曾经是室友），但是跟她喝了几杯之后，我被她深深地吸引了，因为她会告诉你把手放到母牛屁股底下是什么感觉，这样的人可是寥寥无几的。每次见面，我都有一大堆问题要追问她，我很愿意我们两人都从这样的关系中有所受益：我可以想象把手插进马屁股下面是什么感觉了，而她可以告诉别人把手插到马屁股下面是什么感觉了。我能说什么呢？就是这么投缘。

我、莎丽、艾玛和蹒跚学步的小莱蒂，我们这支队伍在房子中间穿行的时候，看起来很滑稽。这里一切都非常干净；没有垃圾、散落的干草或树叶，洁净如洗。燕子在院子里上下翻飞，从椽子上的巢穴里飞进飞出，又消失在视线中。我们踏在温暖的鹅卵石上，燕子的啼鸣啁啾是唯一打破脚步声的声音。

莎丽带领我们步行穿过一扇巨大的金属门，进入一间筑有高墙、铺设着软垫的大房间。莎丽说："这是母马到达时最先来到的地方，是入境检查室。"我讽刺地想："当然啦。**为马做入境检查，当然，很正常**。"这是一个寻常的周一早晨。我们步入房间，我朝右边看，注意到玻璃窗后面有一个小小的隔间。马儿进来时，隔间里面的官员必定会坐在里面，检查马匹的文件。莎丽告诉我："他们要确保进来的确实是那匹马，同时，所有的资料齐全——包括干干净净的健康证。"没人会愿意花钱让马匹与携带性病的马交配。她继续说："一切都要审查。如果母马不干净，她就不能靠近另一匹马。如果她染上了脏东西，她就得直接回家。"我转身看我女儿，她正自由自在地在海绵地板上跳跃，双手拍打着泡沫墙，而那有可能是疾病丛生的动物交配区域。我们离开的时候，我悄悄地要求她洗手，洗了两遍。

走出入境检查室，我们朝马场走去。原来这里有两个马匹交配场，都挡在巨大的金属门后面，紧挨在一起。每个交配场上配有一个新建的又高又大的马厩。艾玛建议在事情进行的时候，她带莱蒂去别的地方，不过，我们决定还是待在一起——我们达成共识，如果谁有顾虑，随时可以移开视线，或者用手捂住莱蒂的眼睛。莎丽带我们走上台阶，朝着一个观景平台走去。我们在正对着两个场地的大玻璃窗前的酒吧高脚凳上坐下来。有这样豪华的观景台观看马儿交配，多少透露出我们马上要观看的场景所蕴含的经济意义。来这里的人都太有钱了，不论去哪里，哪怕是观看他们的马儿交配时，他们也期待有贵宾室。

莎丽讲述了接下来会发生的事情。"一旦种马被准许交配，母马的主人就可以拿到它们的简历，列入他的'种马手册'中——通常基于'不产驹不付费'的原则按价钱支付。如果认定母马的品质够好，就可以在约定的时间带到种马场去。"她简略地说。这些母马的主人为这一

　　　　　　　　　　　　地球上的性——动物繁殖那些事

刻花了大价钱，所以，办事的时候，他们可以期待在像这样舒适的观景台上观看。两个场地都一样，面积约有橄榄球场（或其他类似的场所）边长 18 码*的围场那么大，地板由弹性塑胶制成，墙上（与入境检查室一样）铺满洁净无尘的白色泡沫垫。另一边则是一扇巨大的黑门，角落里有一片用篱笆隔开的区域，带有粗大的黑色横杆，好似新式的狂野西部监狱。

接着，突然间，开始了。在左手边的场地上，墙的那一边有一扇我之前没有看到的铺了垫子的门开了，两个男人牵着一匹马走进来，这匹马极高大，毛光水滑、肌肉强健，看起来像参加世界健美先生竞选的选手一样。他的肌肉上似乎还长着肌肉。马儿迈进场，快步走着，十分自信。显然，他知道程序。接着，三个人从近旁的门，把雌性，也就是母马，带进来。她看起来更紧张，稍微向后退缩了一点，接着转了几个圈，拖着那个好似从《格列佛游记》里跑出来的人物一般渺小的牵马人四处转。从这一刻起，接下来的事情发生得相当快，我一时竟来不及看清眼前的实况。场地里一切都发生了变化。在"开拍"的全过程中，莎丽热心地解释正在进行的一切，我点着头，仿佛我理解一样，但是，这一切前所未见的景象令我眼花缭乱，我只能遗憾什么也没有看到。种马的动静相当大，他抽戳了几下，但是他也设法回避了几次，这让我有点吃惊。（我听见场上有人喊："他光在屁股上蹭。"）接着，种马再一次爬到母马身上，好像要证明大家都错了；他插入、战栗了几次，接着，突然，每一个人似乎都非常高兴。他从她背上跳下来，接着被牵回马厩，

---

* 1 码等于 0.91 米。

而母马则同她的随从回家。大功告成。

我还没来得及喘息，又开始了。突然，在右手边的场地上，另一对被带进来。再一次，整件事情还是有点模糊，下一对儿也一样，再下一对儿也一样。到第五次的时候，我目睹了这些获奖的马儿交配，我的注意力集中起来了，能弄明白这里到底发生了什么。

事情是这样的。首先，种马进来，人们让他在围场的角落里踱步，同时母马被带进来。牵母马的人把她带到一个叫作"调情门"的地方。就在那里，种马和他的随从从门的另一边靠近，他们评估母马在种马靠近时的反应，看她是狡诈还是轻浮（她有可能踢中价值100万美元的种马阴囊）。如果她不在状态，最终她就会被带走。

如果她准备好了，那么种马就会被带到调情门那里，母马的主人已经把她稳住了。非常引人注目，种马爬到她的身上，健壮的身体像帘子一样盖在她背上。神奇的是，似乎在没有任何人注意到的情况下，他长出一个像在大赛中获奖的瓜果一般的巨大阴茎。他只有蹄子，没有手，所以这个动作看起来有点笨拙，从许多方面说，的确也有点笨拙。我没有料到马的阴茎竟然需要人用手进行大量引导。接下来的抽插环节充满热情。我注意到，当种马趴在母马身上的时候，许多种马会在母马的背上给她们充满爱意的一嗑，我不确定她们是否感到愉悦。交配过程中，母马脸上的表情专注而严肃，也许混合着恐惧和真正的勇气。让我吃惊的是，整个过程中母马可以一直保持如此安静的状态。还有一件让人吃惊的事情：人似乎全程只做一件事，即，当种马阴茎插入母马的阴道时，他要握住种马阴茎的根部。莎丽告诉我，他要试着感觉射精悸动的信息——没有这个信息，就白费功夫了。显然，这个人的作用很重要，有点像裁判——只有他可以吹响终场的哨声。亲眼观赏这一切非常有趣。

但是，等等——我知道你在想什么："哦，上帝，他们的女儿看到这一切了吗？"不用担心。为她着想，艾玛用凳子做了一个儿童玩具屋，我们亲爱的小人儿全神贯注于这个玩具屋，而无暇顾及场地里发生的事件。（莱蒂假装那是个城堡，从某种意义上讲，它的确是：一个安全的港湾，外界的野蛮无法进入。）

说到安全的房子，我还没有解释角落里那个狂野西部监狱的用途。这也很古怪。那个地方居然是给小马驹留的。你看，母马通常都是带着孩子一起来的，因此，管理人员先把小马驹寄放在那个角落，它们在铁条后面很安全。这就像一种托儿所。在这个托儿所里，你不得不站在一边看你妈妈被一匹几百万美元的种马蹂躏。这些幼畜脸上的表情，和我站在那里看着这个过程时露出的表情非常相似。它们瞪着交配场地上亲爱的母亲，歪着个小脑袋，眼睛睁得大大的。除了我们和小马驹们，其他人对眼前的一切都司空见惯。毕竟，在这个到处是马的城镇里，一年中有几个星期，这幕场景每天要上演四次。这种性生活驱动着整个赛马业。

虽然看起来很有趣，但我来这儿是有目的的。这章开篇我谈的是精子和卵子。那么，是关于哪些内容的呢？现在马儿们消停了，因此，请允许我跑题一会儿。

首先要说的是，性细胞科学可能并没有你想象的那么发达，这一点很重要。例如，"繁殖"这个词语直到 18 世纪中叶才被广泛使用。在那时候，"萌生"（generation）一词才被用于描述雄性与雌性创造新生命，生物体渐渐生长出来的过程。

曼彻斯特大学的马休·考博（Matthew Cobb）在其 2012 年的论文中，精辟地总结了大量丰富的理论。依照考博的观点，亚里士多德倾向于认为，女性的经血为生长发育的动物身体提供了物质，雄性则通过精子提供了形式。亚里士多德还表示，没有血液的东西（如昆虫）自然地萌生，但是其他生物（他很肯定）都源于卵子。蝴蝶、蚊子、蛤、蟹，所有这些都是砰的一下就出现了。这是亚里士多德——一位思想深邃的思想家，一位受过教育的人——的想法。真是很滑稽。对于早期的思想家来说，精子和卵子的作用都是浮云；这是古代科学和科学思想所未曾触及的领域。但是随后，慢慢地，思想发展了，理论随之发展，而且有一部分理论是可验证的。在一段时间里，一种观念根深蒂固地流传下来。那就是精液的作用好比种子，阴道则好比肥沃的土地。精液被认为是主要成分，而阴道仅是接纳精液的容器（实际上，这个广为接受的观点很大程度上进入了犹太教、基督教和伊斯兰教教义中）。就像即将朽坏的雕像底座一样，这些信念中的每一个最终都会被粉碎，只不过还要等很久。

事情要从 1669 年一个名叫斯旺麦丹（Swammerdam）的荷兰科学家说起。在欧洲其他地方还鲜有人知道，斯旺麦丹用实验揭示了昆虫实际上确实来自卵子，而不是人们普遍认为的自然萌生。斯旺麦丹有惊人的洞察力，他观看昆虫做了什么，而不是鼓吹前人的陈旧学说。三年以后，另一位荷兰人热内·德·格拉夫（Reinier de Graff）*将观察记录写在他的著作《女性生殖器官新论》中。这本书火了。在关于兔子交配

---

* 17 世纪荷兰生物学家，对生殖学做出了贡献。

和怀孕的章节中，德·格拉夫描述了雌性兔子的小囊变红、破裂的过程，据他说他观察到了微小的球状结构：卵子。他推断，兔子产生卵子，那些微小的、看不见的卵子，就藏在它们的身体里面。他提出的假说是，其他哺乳动物也许也是这样。这无疑把科学往前推进了一大步，但是这些都无法解释精液到底是什么。还需要更长的时间，精子的功能才能被人掌握。它是演化出来的——当然，人们对此达成了共识——但是，是如何演化出来的？没人能够提供满意的答案。德·格拉夫仅仅把它称作"精子汽"，而这种说法没有几个人可以从科学上提出挑战。

接着，一位新人登上了舞台，他的名字叫安东尼·菲利普斯·范·列文虎克（Antonie Philips van Leeuwenhoek），后来被称为"微生物之父"。列文虎克改变了一切。据说他是个布商，没有受过正规训练，但重要的是，他可以弄到镜片。他用镜片造了早期的显微镜，而且，得益于科学的好奇心，他使用这些仪器设备去检验不寻常的东西。他是第一个观察到原生生物、细菌和细胞内部构造的人。上帝保佑他，他有胆识研究各种各样的东西，包括自己的精液。那可是 17 世纪。你不可能在显微镜涂片上愉悦自己。不，不，不。我听说过，据说他不是通过"自然方法"获得精液，而很可能是性交后从他的妻子体内提取的液体。他当然知道他的研究处于得体与伤风败俗之间的边缘地带。很有可能，他曾经犹疑不决是否要把观察结果公之于众。在给皇家学会主席的一封信中，列文虎克谈及他的研究成果，坚持要求如果他们认为这个发现"恶心或者有可能冒犯学者们，我恳请您把这封信当作私人信件，要么发表，要么依照阁下的意愿把它压下来"。他很惶恐。惶恐是因为他在自己的精液里看到了活动的东西，他把这东西命名为"精子"——"精液动物"。我们已经熟知精子和卵子，但是，有时候我喜欢想象列文虎克第一次看着他调配出的生殖器里的液体时的情形，我想象他会从显微镜前倒退回来，惊呼："**动物**？"

多亏了列文虎克，我们才能有足够的思想准备以及科学勇气去毫无保留地阐述他所看到的东西。精子是真实的，他科学地证明了它的存在，但是，他的发现还不能回答这些重大的问题：小小的精子动物扮演什么角色？它们为卵子的发育提供营养吗？它们统筹身体发育吗？精子把卵子唤醒了吗？那个时候对诸如此类问题感兴趣的科学家们立刻分成两个阵营——"卵源论者"和"精源论者"，分别认为卵子和精子在繁殖中起主导作用。辩论持续了一段时间，又过了150年，科学家们才收集到一些事实来解答这个问题。19世纪随着细胞理论达到全盛期，科学家们开始意识到卵子和精子之间并没有巨大的差别。它们都被称作性细胞，一个会游泳，另一个不会。很简单。科学家们领会到，从整体看，创造新生命需要精子和卵子共同参与。

在1936年到1947年间迅速发展起来的现代生物学的综合中，这些性细胞知识成为重要的要素。此后，性细胞横跨种群生物学、发育生物学、生物化学、演化生物学、细胞学、古生物学等诸多领域，占据了显要位置。从这个时候开始，精子和卵子被视为主要的基因载体，能够相遇、结合并生成新的、大的、会走路、会说话的载体，在这些载体的生殖器里，整个过程会再次开始。还原论者热爱它们，科学热爱它们。实际上，50年后我自己也有一些关于它们的小小科学韵事，如果可以，我愿意花点时间给你们描述一下我的经历。

这是几年前的事情。在利物浦大学我导师繁忙的实验室里，我坐

　　　　　　　　　　　　　地球上的性——动物繁殖那些事

在凳子上，瞪大眼睛看着视频中的三文鱼精子游到摄影镜头前的显微镜下。我坐在那里看着它，大腿上放着笔记本。每过几秒，我就按下视频的暂停键，拿出尺子测量这些精子的大小。然后，我会测量这些充满活力的小颗粒的速度和加速度。"长长的尾巴会让精子游得更快吗？"我当时正在帮助弄清这个问题。我们曾经到英格兰北部基尔德的河边去收集更多的三文鱼精子以供实验室研究。我花了两天的时间看那些结实的男人像挤牛奶一样，把三文鱼挤到桶里，这难忘的奇特场景在我脑海中占据的空间堪比本章开头提到的身价数百万英镑的马交配的场景（以及第四章中鸭子爆炸的阴茎）。但是，其中自有原因。利物浦不仅给了我们甲壳虫乐队（Beetles）和韦恩·鲁尼（Wayne Rooney）*，也带来了关于精子的新理论，这个理论的重要性不亚于列文虎克、德·格拉夫或斯旺麦丹提出的理论。这就是"精子竞争"理论，利物浦大学的学科带头人乔夫·帕克（Geoff Parker）首创了这一术语。

像许多好故事一样，这个故事从一堆牛粪开始。帕克除了其他身份，还是一位观察粪蝇的人。他在 20 世纪 70 年代深入研究粪蝇时，观察到雌性通常会与一只接一只的雄性交配。他推论，如果个体可以演化出让交配机会最大化的行为以及其他适应性特征，那么，理论上，精子也可以做到这一点。帕克构想了这种情况可能是如何发生的，在他假想的场景中，雌性与众多雄性交配，随后雄性（在尺寸或者数量上）产生适应性特征，增强自己的精子或破坏竞争者的精子，从而使物种得以繁衍。他的想法激励了一代精子科学家，他们的研究至今仍让我们着迷。

---

* 英格兰足球运动员，出生于利物浦。

帕克的预言得到了验证；普遍来说，一个种群中一夫多妻制（雌性混交）确立后，雄性间就会突然出现应对精子竞争的适应性机制。战争在微观层次上发动了。这通常以两种方式表现出来，通俗一点，可以想象成买彩票。雄性要么多买几张彩票（致力于产出更多的精子），要么撕碎竞争者的彩票（致力于产生适应性，杀死其他个体的精子）。有些个体尝试其他的方法，让竞争者的彩票作废（通过用精液堵塞雌性的生殖器通道），或者，在任何个体获得交配机会之前，逼迫售票机提前售空（通过化学"催化剂"触发排卵）。或者，他们只买质量最优的彩票（换句话说，产生超强的精子）。

尽管科学家依然在试图理解这样的适应性如何在大范围内演化，但是无疑有一大堆不可思议的精子和交配分泌物留待我们去研究。奥利维娅·贾德森（Olivia Judson）* 在她的著作《塔希娜博士给全球生物的性忠告》中列出的那些精子怪异的适应性特征令人着迷。有弯钩形状的（仅举三例：考拉、啮齿类动物和蟋蟀）和扁平碟状的（原尾目，有时候被称作"土栖钻头虫"），还有旋转的（小龙虾）、螺旋开瓶器式的（一些种类的蜗牛）、有胡须的（一些种类的白蚁）以及能爬行的（蛔虫），更不用说还有许多动物将精液喷射成随机组合的形状（龙虱、马陆、海螺和美洲负鼠）。研究得最透彻的也许要数果蝇的精液，其出名之处在于：里面含有快速而巧妙发生化学反应的物质。这些分泌物能降低雌性的性欲，杀死雄性竞争者的精子，甚至加速雌性的生殖周期，让她迅速离开交配场所并进入产卵环节。雄性的化学武器非常奏效，以

＊ 演化生物学家与科普作家，毕业于斯坦福大学哲学系。

致似乎对雌性造成了伤害，导致她们死得更早。

现代科学家继承列文虎克的遗业，观察自己（或别人的）精子。实际上，人类的精子也得到了透彻的研究。我们掌握了许多关于精液竞争的一手证据，竞争非常激烈，人类射出的精液中实际仅有 1%—5% 由精子细胞构成，剩下的是神经传递素、内啡肽、免疫抑制剂的混合物，这些物质存在的主要目的是对抗竞争者的精子、调动雌性情绪（通过一种叫血清素的激素），甚至诱导睡眠（通过另一种叫作褪黑素的激素）。不可思议的是，甚至有证据表明女性进行非保护性性交（从而经常接触精液），抑郁程度更低，自杀的可能性更小。对此你可以保留意见。

如果我可以穿越到过去，我很想回去找列文虎克，告诉他，他的精液研究把我们引领到了什么地方。在令人难以置信的 300 年间，这项研究从"精子汽"发展成为现代生物学综合的基石。哦，我还想给他看白蚁卷曲的精子，告诉他精液具有疑似可以抗抑郁的特性，或者向他描述大章鱼的"爱弹"是 1 米宽的精原细胞（含有 100 亿个精子），我还想跟他说说那些马，以及它们生出的产业。是的，是生出的。再带他看那天莎丽后来带我看的专门研究种马精液的实验室。在纽马克特的种马场，还有更多不可思议的东西可看。

我们在那里看了几个小时后，莎丽在房间那头说："**这个是人造马阴道**。"她把那东西举在胸前，从肩上绕过去，这看起来有点像运载地对空火箭发射器的皮盒子。"这是用来采集精液样本的，这样我们可以检测雄马的精子，确保一切正常。"

一尘不染、灯光明亮的实验室里到处是显微镜和别的不知名的设备（可能很贵）。艾玛紧紧地拉着莱蒂的手。莎丽把人造阴道递给我，好重，像一个硕大的皮革避孕套。莎丽告诉我，侧面的填充物上有槽口，可以倒温水进去，使它摸起来更加"像活的"。她微笑着，诚恳地说："有些马喜欢特别热的，有的喜欢相当凉的——试着把温度调到适当还真是个活儿呢。"人造阴道的末端有个小孔，上面连着一个小小的"收集点"，有点像橡胶手套，种马的精液就从这里取出。

我们走到冰箱那边，莎丽告诉我们："这是我们放精液寿命延长剂的地方。"我的眼睛瞪得大大的：这是什么鬼——精液寿命延长剂？莎丽打开门，冰箱里装满了可乐罐子。我一时间震惊了，艾玛知道我误认为是可乐让精子寿命延长，就指了指冰箱后面，那里放着一排小玻璃药瓶。我清了清喉咙。"精子寿命延长剂是我们偶尔在交易时会求助的东西，它能延长马的精子寿命，意思是让精子在母马的生殖腔中停留更久，以期望在恰当的时候遇到一个卵子。"这种技术用在年纪更大的种马身上，因为老种马的精子数量较少且活动性较差。

我站在那儿，被人工马阴道压得东倒西歪时，突然想到一件事。我指着交配区域说："为什么不取消那里的仪式？为什么不一直用老式的橡胶阴道收集精液并省掉那些麻烦？"这是个简单的问题，我忍不住想，这对整个赛马－繁殖产业来说是一条捷径。毕竟，这种方法更便宜，而且赛马可以繁殖更多的后代，以那样的方法赚更多的钱。莎丽对我的提议并不感冒，回答得敏捷而直截了当："不行，不能那样做，行不通。"她说："没人会允许那样做，而且，这对纯种马来说是非法的。在法律上，必须是自然交配（也就是兽医说的'授精'）。"

"可是，为什么？"我追问道。答复是主要因为市场要抑制投机商。为这项活动本身的未来考虑，必须坚持"自然"的理念。莎丽继续说道："假设一下，一匹顶级的马自然条件下可以与 150 匹母马交配，如果允许人工授精，就有可能让 1500 匹母马怀孕。因为养马人的需求量高，如果你允许 1500 个人买你的精子，那么这个系统就会瘫痪。你会削弱市场，你最终可能面临的风险就是一匹杰出的马的基因充斥整个市场，很快，在赛马范围内，个体间的亲缘关系会过于接近——这项活动会被毁掉。"交配场地会保留下来，至少就眼下来说。

那天剩下的时间，我们从一个马厩逛到另一个马厩，用胡萝卜喂那些公马。我们刚才看见的那些和他们交配的母马，现在已经到了几英里外，和她们的小马驹一道回自己的农场去了。感觉好奇怪，就好像在体育场的停车场撞见刚踢完重大比赛的足球运动员。每匹马都全身心地吃着我们喂的胡萝卜（我注意到，胡萝卜来自维特罗斯超市）。不过，也许只有我一个人站在那里，想到那些胡萝卜的部分原子会进入马的精子中，明天或后天，用于为另一匹素不相识的母马授精，而此时那匹母马还站在几英里外的田野里，埋头料理自己的事。

我们与莎丽道别后，无意间发现一片马的墓地。一排接一排小巧的大理石柱子，上面刻着马的名字、血统和赢得的奖项。这个产业的历史由胜利者书写，这是由血统和基因决定的。在这方面，我们并没有多大差别：我们、那些马儿和大熊猫——所有的生物都可以追溯到那用于重要的基因爆发的管道，追溯到精子与卵子相遇。对每一个曾生存过的动物来说，性生活中发生的事情既是最重大的，也是最微小的。用一百万次的数量赌博。生命的彩票。一句古老的养马者格言说："用最好的繁殖最好的，并抱最好的希望。"我为大熊猫甜甜祈福——基因爆发产生了吗？我们拭目以待。

第七章 "时间旅行者无性僵尸"的国度

　　在小水盆中，雨水桶里，屋檐排水管中或是天井水泥地板的裂缝里，潜伏着某种不好分类的东西。它聚集在窗棂上着生的苔藓中。某个干爽的白天，从林间散步回来，它们干燥的身体成百上千地嵌在你鞋底的纹路里。它们脱水了，但是并没有死。因为这是一种独一无二的动物，在时空中穿梭的旅行者，号称"时间旅行者无性僵尸"。

　　蛭形轮虫（bdelloid rotifer）是我在为本书做调研的过程中渐渐喜欢上的一种生物。这种生物是性科学中闻名一时的案例，坦白说，它没有性，根本不交配。蛭形轮虫可能在4000万年里都没有交配过。

　　现在，如果你以前从来没有听说过这些野兽，请加入我的行列，好好享受一下增加知识的乐趣。如果你听说过它们，那么我希望你向性的科学领域最近取得的重大进步致敬，对小水盆里常见的这些怪物表示敬意。

　　轮虫作为古老的无性动物，在得到现代人欣赏之前，就已经有了一定程度的人气。这是因为：第一，它们很古怪；第二，如果你看得够仔细，你会发现它们无处不在。我们已经了解了列文虎克，但是18世纪还有一位微生物学传播者——亨利·贝克（Henry Baker），他热衷于观察轮虫，也是最早观察到它们的人。他写道：

为了区分，我给它取名为轮虫、轮形昆虫或者轮形动物，因为它有一对外形以及运动方式酷似轮子的装备……（轮子）似乎相当快速地旋转，这意味着这种生物可以将相当迅猛的水流从很远的地方带到嘴边，这样，它就可以尽可能多地获得水流带来的小微生物和各种物质粒子。

它们正是海葵梦想成为的样子——环形的、蠕动的，在风中滑翔，掌握着自己的命运，而且绝妙地、不可思议地脱离了性的轨迹——或者说，人们通常是这样告诉我们的。

我手上有一本 1880 年的著作《池塘与水沟》（*Ponds and Ditches*）（只要我们有访客，我就偷偷地把它放在桌子上显眼的地方），书中有许多关于轮虫的神奇描述。它们可能活泼好动，像陀螺一样四处转动；另一些则只是静静地待着，纤毛像烛火一样摇曳。它们还会爬行，像水蛭一样翻筋斗，或像毛毛虫那样拖曳而行，或自由地在显微镜载玻片上漂移，靠不明的气味指引方向。它们有盾状的、披甲状的，还有一些看起来像华丽的葡萄酒杯。作为一个群体，它们的类型也很多样：有漂泊不定的，循规蹈矩的，还有介乎两者之间的。然而，维多利亚时期的科学家们似乎格外感兴趣的是它们的适应能力，也就是所谓的**复活**——它们的身体能变干，再重新吸收水分，恢复生机，重新占据曾经被烤干的水坑。维多利亚时期的科学家们问道："这些动物是活着、死去，然后又活过来吗？还是它们一直都是活的？"（"死亡不是生命处于蛰伏的状态，而是没有生命"，这是《池塘与水沟》中做出的最好的猜测。）

讽刺的是，地球上一种没有性的生物有可能告诉我们许多关于性的知识，以及为什么任何时候性对于我们周遭的一切都如此重要。写性的书绝对都有一章要写轮虫，它们至关重要。于是，我安排好了会面，出发去进一步了解这种无性的生物。当你读到这里的时候，离你几米开外，也许就有一只脱水的轮虫躺在那里。

* * *

我问道："那么，它是一种动物吗？"克里斯·威尔逊（Chris Wilson）拿出一个针织的轮虫模型，这是他以前的一个学生为他制作的，大小正好能放在他掌中。靠近"头"的末端镶嵌着两个圈，像傻乎乎的眼睛（克里斯告诉我，实际上，的确是傻乎乎的眼睛），下面有个带纤毛的洞，他让我想象那是嘴。它看起来有点像一个针织的羊角面包，在烘烤之前被拉得长长的，但是并不完全像。"动物？"克里斯快乐地回答道，"哦，是的，浑身长毛的动物。它们有大脑、肌肉组织、内脏、膀胱，你能想到的一切。"

威尔逊是伦敦帝国大学的一位博士后研究人员。他是花大量时间观察这些小东西在显微镜载玻片的水滴里静静地旋转、爬动的科学家群体中的一员。拥有一只编织的轮虫完全符合他的身份。

他嘴里说出的每个句子都经过完美组合，每个词都经得住检审，没有任何错误。他以小学老师的耐心和优雅待我（这也是为什么他拿出那个玩偶），对此，我感激不尽。

他轻轻地把那个针织物的头和尾巴挤进它的身体里，形成一个球，说道："这就是它们脱水后的样子，看一看，你看到头和尾缩进身体里了吗？脱水时就是这样。"他继续说道："接着，当它吸水并恢复生机时，它就会弹回来，恢复原状。"他松开手，这个玩偶又弹回来，恢复了原先的形状。他接着说："很酷的一点是，它们不需要形成包囊或特殊的球状物 *——成虫的整个身体可以收缩，失去身体里所有游离的水分，重新吸收水分的时候再反弹回来，恢复生机。"

太神奇了，我从来没有真正考虑过这个问题：在干涸的水盆里或墓碑上积聚的干枯地衣上隐藏着什么？现在我知道了，这些地方充满了脱水的轮虫。

对于一个科学家来说，克里斯的办公室相当干净，没有垃圾，也没有用蓝丁胶胡乱粘在门背后的皱巴巴的便条或"远侧"漫画（Far Side Cartoons）**。角落里放着一张套着布面罩的沙发，正对着远处墙上贴的一幅孤零零的《生命之树》海报。他桌上放着一个处理数据的老手的标志性工具，也就是几台连接在他电脑上的大型显示器，还有一副供他工作时消遣的耳机。他把小针织轮虫丢回桌上。

我问道："是什么把你吸引到这些有趣的小动物身边的？"克里斯迫不及待地答道："这些生物本身非常奇妙、古怪——但我最感兴趣的是它们的性，或者毋宁说，我感兴趣的是这些动物以及它们的祖先是如何在无性的情况下活那么久的。"他停了下来，然后又说了一句我到目前为止已经常常听到的科学家的老生常谈："对于演化生物学家来说，

---

* 在环境不利的情况下，某些原生动物可以包囊化，身体外面分泌胶质形成包囊，代谢率降低，处于休眠状态。

** 著名的美国漫画家加里 · 拉森（Gary Larson）在报纸上连载至 1995 年的漫画。

性是最重大的问题之一。"

关于性，我们很容易忘记一件显而易见的事情，那就是：性的代价非常高昂。四处奔波、冒着丧失肢体或生命的危险来交配——从演化的观点来看，这根本没有道理。毕竟，如果演化青睐那些传承了最多基因的个体，为什么我们全都积极地试图将自己一半的基因传给后代？为什么性如此棘手？它是如何成功地抓住几乎一切事物的？几个世纪以来，这个问题把科学家们弄糊涂了。自然，克里斯深入思考过这个问题，他告诉了我一些背景。"理论上，如果停止对雄性投资，把那些资源用于生产能生育的雌性，种群数量会在没有性的情况下快速翻倍，"他介绍道，"因此，浪费一半的资源生育雄性就会很愚蠢，雄性不产卵，没有什么用处。"然而，性几乎无所不在，它起着重要的作用。

现在应该告诉大家了，有的动物没有性也能在生命世界中畅游，一些脊椎动物——像鲨鱼，还有一些蜥蜴，包括科莫多巨蜥 *——偶尔生出和母亲的基因完全一样的女儿，换句话说，就是克隆。在非脊椎动物中，这种克隆更加普遍（名单中包括蛞蝓、蜗牛、水虱、胡蜂、介形亚纲动物、蓟马、蜜蜂，很多虫子和蚜虫）。它们只有按照这样的方式生活才游刃有余——它们全都是这样。无性行为很少在接连几代个体中传承下来。大多数动物像蚜虫那样进行无性繁殖，用克隆作为快速繁殖的手段，以应对随后环境的变化。

真正古老的无性生物——数百万年来不曾参与性事的动植物——少得令人难以置信。除了轮虫，其他称得上无性生物的候选者包括屈指

---

* 世界上最大的蜥蜴。

可数的介形亚纲动物以及螨虫的一个科（事实上，关于早先认为是无性生物的一种介形亚纲动物，2005年《自然》上发表的一篇文章引起了骚动，文中揭示这种生物归根结底是有性的）。其他动物虽然看起来无疑是无性生物，但是根本无法与蛭形轮虫显著的无性特征媲美。

当克里斯给我讲述地球上的生命绵延不绝的性时，他微笑着，眼睛放光。显然，在思索诸如此类内涵丰富的问题时，克里斯获得了科学追求上的满足。性的作用是什么？为什么它如此顽固地存留在动物和植物身上？性起源于何时？

有些科学家把性看作一种把坏基因从基因库里净化掉的基因净化手段，而克里斯则对红皇后假说更感兴趣。在讲到鸭子生殖器的时候，我们已经碰到过这个假说。演化不得不持续进行才能保持稳定，这也许解释了性的普遍存在。性创造了新的基因组合，以避免传染性疾病——也就是寄生虫——肆虐。他解释道："根据这个观点，不论何时入侵者设法入侵，性都会成为生物体改变其防御系统上的基因锁的一个方法。"克里斯认为，性让个体保持健康。失去性，最终寄生虫将尽情享受缺乏多样性的个体；它们将吞噬这个小小的基因谱系，使其数量减少，直至灭绝。

对于克里斯来说，无性的蛭形轮虫是宇宙送给他的礼物。轮虫是如何持续进行无性繁殖而未被铲除的？通过这个问题，这种小小的微观生物提供了一个验证红皇后假说的机会。

我们至少有5分钟没碰那只针织轮虫了，我认为这意味着，我也许终于要去看一只真正的轮虫了。我们沿着灯火通明的走廊，走进克里斯的实验室。这里更符合我的期望。远处那边有一张长长的桌子，桌子上方有两个天窗，照亮了桌面上两台漂亮的显微镜。每台显微镜都调试好了，随时可以使用，旁边还有几个注射器和一些小塑料托盘，里面放着载玻片和用过的琼脂平板*。一些琼脂平板里似乎有苔藓的碎片。墙上贴满了海报，上面厚厚地贴着写了日期和各种笔记与评论的条子。在房间的边上，我听见一台巨大的老式电冰箱发出沉闷的嗡嗡声。这和我想象的完全一样。克里斯拖出一张带滚轮的椅子，我坐下来，还不敢自己滑到显微镜前面去。当克里斯四处忙乎的时候，我待在实验室的正中间不动，百无聊赖。

我看见他在巨大的冰箱门后四处查看样本。"啊，这个……"我听见他在嘟囔。他抽出一个琼脂平板，里面装着一些看不出成分的岩屑。然后，他把琼脂平板推到显微镜下，接着把物镜调到 100 倍。他坐下来，手扭动显微镜边上的调节控制盘，上上下下几次，调好焦距以便让我观看下面的载玻片。"还有，"他停下来，"看那儿。"他朝我点头，示意我过去。我准备好第一次有意识地与自然界最古老的无性生物互动。

我透过目镜窥视——"蛆！"心里有个声音在大喊，我有点反胃。我努力压制住恶心，用冷静而有理性的声音向克里斯讲述我的观察。我礼貌地措辞："哦，天哪——它们看起来非常像……蛆。"

并不是蛆的蠕动让我觉得反胃，而是那种沿着身体翻滚的运动，它完全是不间断的、喧闹的、一往无前的。如果身躯一定要搏动，最起码，我希望它找到节奏，克制一下。我希望它有时停下来，喘口气，思考一下。蛆根本无法满足这些条件，我因此而憎恨它们。更仔细地看蛭形轮虫，我明白我错了，它们并不蠕动或爬行，而是蜷成环状——头抵

---

* 琼脂平板（agar plates），培养基消毒后加上微生物繁殖所需的材料制成的有盖培养皿。

在地上，接着尾巴朝前拉，头部再往前，然后，尾巴再一次拉起来——更像水蛭。而且，让我高兴的是，它们有时候的确会停顿——偶尔看起来像是尾部被粘住了，只剩头部朝左右扑——我猜是在觅食。在我脑海中，我想象它们应该更像海葵，静静地待着，转动着小小的纤毛，把食物运送到巨大的嘴巴里，然而，我甚至看不到这些小东西的纤毛扇动——大家说的"轮子"在哪里？

克里斯走过来，把放大倍率调到更高。我透过目镜再次窥视，有大约三秒钟的时间，我直勾勾地近距离看着一只轮虫走进我的视线，然后，它不见了。这个描述更确切：一个透明的玻璃身体，里面有生命体所需的一切；围绕着中线（与体温计里的水银线没有什么不同）是一些球形的碗和棒子。那个身体内部看起来就像一个吹玻璃人的橱柜。在正中间，一对垫状物有节奏地相互摩擦。"哦，我的上帝，我能看到它的心脏！"我大叫起来。克里斯答道："嗯，实际上那是它具有研磨功能的下巴，用来压碎食物。"像用木槌捶种子一样，轮虫把被纤毛吸进嘴里的微生物捣碎、磨细。就在它跑出视线时，我看到了那些著名的纤毛，它们围绕着这种动物头部附近的两个圈打转。轮虫，是活生生的卡律布狄斯 *。

克里斯把一张又一张载玻片插到显微镜下，当它们蠕动、翻着筋斗穿过载玻片时，我们轮流观察这些离奇的生物。我把眼睛凑上去，过一会儿，它们的纤毛就清晰可见了。克里斯虽然已经看过几千次，但他的眼睛依然闪闪发光。当他眼睛盯着显微镜，调试好载玻片让我看时，有

---

* Charybdis，希腊神话中大地女神盖娅和海神波塞冬的女儿，号称漩涡女妖，会吞噬经过的所有东西，包括船只。

无数次我捕捉到了他的微笑。

见到健康的轮虫虽然很好，但在这里，那些死掉的轮虫才是尤其有意思的。2010年，克里斯（当时在康奈尔大学）开始用蛭形轮虫做实验，他用致命的霉菌株感染实验室里的种群，让它们变干，接着，在不同的时间段后让它们重新吸水，观察会发生什么。他解释道："我的贡献是观察到了轮虫和它们的寄生虫之间的互动。"他把琼脂平板从我的显微镜下拿开，朝冰箱走去。"靠无性繁殖延续上千万年是不可能的，因为万一产生寄生虫怎么办呢？"我准备回答，但随后意识到克里斯是在使用一种修辞手段。他继续说道："寄生虫会昌盛，会扩散，而轮虫种群会被消灭。"我想象轮虫像一片片单一种植的庄稼地里的作物，害虫在那里肆虐，无法控制。他并不理会我呆滞的目光，继续说："轮虫让我们看到，当寄生虫来临时到底发生了什么，它们又是如何逃过一劫，幸存下来。"他抵挡住诱惑不去看显微镜，起身说："我带你去看看。"

他在巨大的冰箱门后面忙活，接着抓起另一个琼脂平板，插回我的显微镜下。我移到一旁，等他调整焦距。他说："好了。"然后转身冲着我，坐在椅子上朝后滑，微笑着说："现在，看看那个。"我滑着椅子凑到近处。

通过镜头，我看到一幅和刚才不同的景象。没有亨利·贝克所描述的环形"微生物"，载玻片的中央有一个看起来像轮虫那样大的玻璃枕头套，中间有皱褶，还微微颤抖着。如果仔细看，我依然可以看清一些内部器官，但是，它的里面塞满了看起来像乳白色的小粒爆米花一样的东西。"这是一只……轮虫？"

克里斯严肃地说："它是一只受了霉菌感染的轮虫。"我注意到角落里有另一对轮虫，它们待在那里一动也不动，好似电影《异形》（*Alien*）里的抱脸虫：那些球状的生物除了喂养体内生长的那些缓慢爬行的寄生虫之外别无其他目的。"最终轮虫会破裂、爆炸，霉菌扩散。"那些轮虫看起来仿佛也非常难过，它们畏缩地轻轻摇摆着。他给我看了无数像这样的载玻片，每一片都像一个寂静的战场。一片又一片，上面躺着遍体鳞伤的轮虫，体内布满致病因子带来的孢子和不知名的黏稠物，肿胀不堪。这就是当它们以无性繁殖方式在生命中前行时，种群会发生的现象。它们被征服了。由于没有有性繁殖提供的基因改变，没有密码组合，其他生命破解了密码，闯进来肆意砍杀。这也许是地球生命史中上演过无数次的场景：无性繁殖的动植物，被致病因子劫掠，随后灭绝。

克里斯的实验显示了当长久任其自然增殖时，蛭形轮虫将会发生什么。它们被致病因子虐得不行，但神奇的是，它们依然活着，它们在每一个角落顽强地活着。几百万年之后，它们依然存活下来了。那么，它们生存的秘诀是什么？

克里斯解释道："从理论研究开始，想法非常简单。如果你能在时间与空间上躲开寄生虫，你就能比它们走在前面一步。如果你移居到一个新的地方，你的基因是新的，对那个地方不熟悉，你就可以获得无性繁殖的益处。"他稍微停顿了一下，把人的胃口吊起来后，接着说，"这正是轮虫采取的策略，它们到处搬家，脱水，被吹到别的地方，远离寄生虫，至少暂时性的。"

基本上，干旱时期，蛭形轮虫比寄生虫活得长，而且比寄生虫更强悍。克里斯的研究表明，如果没有水，致命的真菌类寄生虫无法像干枯的轮虫那样支撑那么久。雨季来临，轮虫再吸水，然后，至少在那些寄生虫再度侵占它们的水坑前，轮虫可以享受没有寄生虫闯入的日子，并在水坑里繁茂成长。即便在这时候，许多轮虫也会再次离开。它们是驾驭微风的大师，它们看起来的确像大师。克里斯的研究专注于发现轮虫与它们的真菌类敌人相比是多么敏捷而善于移动。他指出，在吹得更高的风中，轮虫比真菌类寄生虫更有可能远航，它们落在树枝、微小的尘埃和树叶上。

很多这类研究使理论增加了分量。这些无性繁殖系到底是如何在这个狂野的世界上生存下来的呢？简单点说，就是它们能比寄生虫更快地占领新地方。2013 年，克里斯（在大学建筑楼背后的小树林里）对野生轮虫的研究更进一步支撑了他的论断。一个不大愉快的想法占据了我的脑海。我悄悄地问道："那么，这里到处飞舞着干枯的轮虫？我们是否吸入了它们脱水的尸体？"克里斯回想起他的实验，咧嘴一笑，说道："让我最惊异的是，大概五周以后，当我们去看事先布的陷阱——实际上就是放在地上的小空碟子——并且加水观察轮虫时，我们几乎在每一个碟子里发现了它们，品种繁多。"

多亏了轮虫的顽强以及逃离的天资，无性繁殖系得以延续。几千年来，每一只蛭形轮虫都是一座祖传的岛屿，在各处突然出现。它们是穿梭在时间与空间中的旅行者，殖民、繁衍、变干、漂移，殖民、繁衍、变干、漂移——幸存者全都领先寄生虫一步，就好像 BB 鸟总能躲过歪心狼*。

＊ BB 鸟和歪心狼是华纳公司出品的动画片里的主人公。歪心狼总想吃掉名叫 BB 鸟的鸵鸟，结果 BB 鸟总能成功逃脱。

"哪怕在这里——开着天窗——我偶尔都看见过像苔藓和叶子碎屑一样的东西吹进来，我把这些碎屑拿进来，让它们重新吸水，结果里面就有轮虫。"克里斯告诉我。我只能充满敬畏地低声咒骂一声。克里斯大笑道："完全正确！我现在得把设备盖上以免新的轮虫掉到实验组里！"把新的轮虫加进去前，他得完全了解它。"没有任何其他动物可以像轮虫这样把这一切做到极致。"

我脑海中盘旋着这个迷人的想法。那一刻我意识到在我生命中，我还从来没有想过自己离一种逃避了有性生殖的生物如此近——我以前遇到的每一个生物都是不久前经历过有性生殖，或至少其近期的祖先经历过有性生殖的。甚至我们身体内外那些成群的细菌都在设法交换 DNA，同化彼此的 DNA 或将其通过小管道从一个细胞传给另一个细胞。

每天我们都会把这些东西刷干净，把这些古老的、飞翔的、在时间中旅行的无性僵尸清除掉。生物学家习惯于在"简单生命"与"复杂生命"之间划分界限——在这一刻，在我看来，蛭形轮虫似乎应该有专门的标签。它们真的是杰作。对它们来说，没有求偶追逐，没有基因稀释，没有主战派和和平派，也没有忧虑。它们只是随风飘，飘到风儿带它们去的地方，永远如此。它们旅行，它们是动物王国里的鲍勃·迪伦*。

当然，数百万被吹到大海上或你家厨房角落里的轮虫会干死，还有数百万轮虫会被寄生虫伤害，成为某个深深的泥塘里早就熟悉这里

---

* Bob Dylan，美国摇滚、民谣艺术家，歌手、创作人、作家，2016 年成为第一位获得诺贝尔文学奖的作曲家。

一切基因密码的生物黑客的受害者。但是，还是有数百万轮虫幸存下来，再一次变成数亿个，居住在新的池塘、泥塘、潮湿的排水沟，或是我们的屋顶和垃圾桶盖上。在以有性生殖为准则的世界里，轮虫找到了一个让这个准则失效的位置——这也许是这个星球历史上仅有的位置，只有在这里，这样的生活方式才可以持续。

我和轮虫在一起的时间接近了尾声，相比给我这样的人用玩偶教具做展示，克里斯还有更重要的事要做。我们站起身来，把椅子滑回放显微镜的凳子下面。载玻片上还有依然在扭来扭去的生命。

我脑海中忽然蹦出一个想法，一时间我有信心做魔鬼的代言人。"有没有可能某个地方有雄性，以某种方式存在？我们以前从未看见过的雄性？只是偶尔突然出现在某处的雄性？"我想象它们就像开花的竹子一样，两百年后冒出来，突然布满载玻片。"我们如何真正知道没有雄性，而且它们一直没有进行交配？"

克里斯似乎很高兴我问了这个问题，他说："实际上有段时间这是个大问题，人们花了10年到15年的时间，试图弄明白轮虫过去以及现在是否真的是无性生殖的。"我们走过走廊，在他的办公室里短暂停留。他在右手边的显示器上弹出的学术搜索框里打了几个字。"你来得正好，因为……"他点击一个 PDF 文档，说道，"上个星期，这些家伙的第一批基因序列测出来了。"

屏幕上方弹出一篇研究论文，论文上密密麻麻地布满了循环图、深浅不同的色块、螺旋图表。他看懂了我的表情。"显然，我也许需要帮你消化一下这篇文章。"他从屏幕上转过身来，迎面看着我，伸出双手——若有必要，他随时准备用手做演示的道具（我突然想到他这一次不大可能用针织玩偶做演示）。

"你知道，人类和大多数其他动物的每一个染色体都是成对出现的，上面各有一组基因，一组来自你母亲，一组来自你父亲。"我点点头。"在繁殖后代时，染色体重新组合，分别进行分配，这样你就只把一套染色体、一套基因传给每个后代。这个过程叫作减数分裂。"

"不过，轮虫的染色体不是成对的，每一个染色体上有不同的基因，依照不同的顺序排列。"他让我深刻领会了一会儿，几秒钟过去了，这次我没点头。克里斯试着用别的方法解释："轮虫的情况是，你无法用来自父亲的染色体和来自母亲的染色体进行整齐的配对，使每个后代只得到一套染色体。有时候，一个染色体上有一整串基因，其他任何地方都没有与之相同的序列，因此不可能配对。或者，基因是成对的，但位于同一染色体上。"我歪着头，细细品味这些话。他继续说道："远古时代早期的两个亲代的基因链纠缠在一起，以至于不能清晰地配对并进行减数分裂和有性生殖。对于无性繁殖来说，配对无关紧要，它们进行无性繁殖肯定有很长一段时间了。"

我理解了最基本的原理：没有性，就不需要整理基因，使其有规律地配对。蛭形轮虫的基因组变成了小孩乱糟糟的卧室：摊得到处都是的衣服，不成对的袜子，帽子、手套混在一起，胡乱塞回每个抽屉里。

他在屏幕上打开另一篇论文，说："不过，结果更有趣。这些小家伙的基因组真正古怪的是……"他又在键盘上敲了几下，紧张气氛再次升级："在它们的生命史上，它们似乎不仅从其他动物身上，还从其他界（Kindom）的生物体上获得了 DNA。""界？"我几乎喊起来。克里斯连忙点头。他继续说道："测定基因组序列时，研究人员发现所有这些碎片和基因片段似乎与其他动物格格不入，反倒像是源于细菌、真菌或植物。"他抬头看远处墙上用蓝丁胶贴着的生命分支树形图，说："在生命的某个节点，它们从周边世界到处借 DNA 的片段，也许是从吃的食物那里来的，它们的基因组中有 8% 来自这些东西。"

这打破了我头脑中蛭形轮虫拘谨的形象。我突然想象到它们洗劫其他界的生物的场景，就像到岸停靠一会儿就离开的水手们一样，它们大块偷窃其他生物的 DNA（但是没有进行有性生殖）。这些古老的无性僵尸吸血鬼，在时空中穿梭。至少是很奇怪。

我问道："这种偷窃 DNA 的勾当意味着什么？这是否它们通过无性生殖生存下去所必备的一部分生存技巧？"

"谁知道呢——应该是一部分吧，"他点点头，看起来有点惆怅，"但是，这与我们所了解到的有性生殖的情况有天壤之别。"

这些小轮虫还有很多秘密要讲述，像克里斯这样的人将会首先知道它们的秘密。我很羡慕他——他是为这些古代生物所陶醉的一系列科学家中的一位。从 18 世纪亨利·贝克通过早期的显微镜观察它，直到今天，蛭形轮虫已经成为明星，它是国际研讨会的主题，检验动物如何依靠无性生殖存活的案例——其他生物，包括我们，似乎永远无法摆脱有性生殖。而几个世纪以来，这些科学家，不论是当时的，还是现代的，研究的都是这同一生物。它们克隆再克隆，到现在还是和那时一样克隆。

在我签字离开克里斯的研究楼并把安全胸牌递还给他之前，他友好地与我握手，祝我好运，然后才快活地回到他的轮虫身边。与我开篇提到的那些维多利亚时代的科学家一样，他对在显微镜下观察到的动物抱有同样的热忱——瞪大了眼睛，充满敬畏。实际上，拜访克里斯之后，我偶然从查尔斯·金斯利（Charles Kingsley）*1859 年的《格劳克斯，或岸边的奇迹》（Glaucus, or the Wonders of the Shore）一书中看到了一段引文，这段话不仅适用于 150 年前，同样也适用于今天，并且让我充满喜悦地想起在克里斯陪同下度过的一天。

……没有一个学科分支比显然迂腐的动物海藻学更彻底地混淆传统知识，它把传统知识肢解成零碎的系统和理论，以及武断而随意的名字，而且教其他人在其制定者说话时保持沉默。动物文献学中我们原来关于动物、植物和矿物的划界摇摇欲坠，似乎随时会像它们的伙伴——火、土、气和水四元素一样消失。

虽然已经是几周前的事情了，但现在轮虫在我脑海中依然清晰可见。我甚至还能看到它们像蛆一样运动，还有它们周围显微镜镜头的环形边框。它们是反浪漫主义者。过了两个世纪，这些轮虫依然在检验科学知识的中心支柱的稳固性；它们给性演化背后的奇迹与原因带来启发，并解释了动物为什么难以摆脱性。一代又一代的科学家想知道："性的目的是什么？"现在，我们也许确实离真相更近了一步。而我的朋友们，谁曾想到，答案在风中飘扬 **。

---

* 英国牧师、大学教授、历史学家、小说家。

**"我的朋友们，答案在风中飘扬"，是前文中提到的鲍勃·迪伦的名曲《答案在风中飘扬》中的一句歌词。作者借用歌词，巧妙地说出随风飘扬的轮虫给我们的启示。

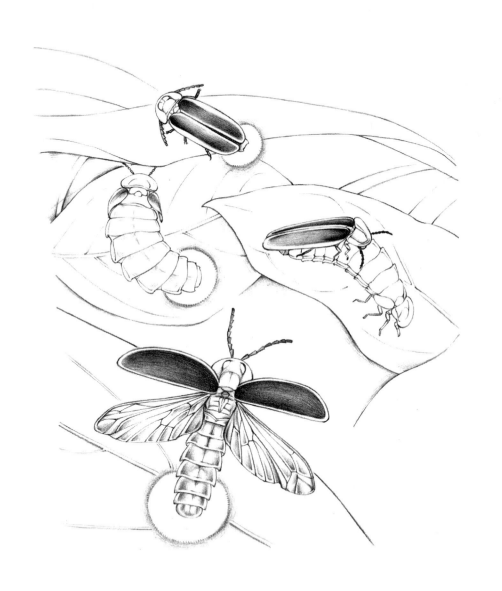

第八章　人类的频率

　　这几个月很艰辛。每年 5 月到 7 月，我给自己预定了任务：每周 5 天去国内不同的学校，扮演掏池塘的访问学者。我带着网子现身，与老师和小学生们一起在池塘边工作，指点着告诉他们有什么东西，并帮助他们辨认下面躺着的是什么。然后，我回家，把手搓洗干净，洗头，第二天又从头来过。

　　池塘里有什么？我热爱它们，我一直热爱它们。是因为那种让我激动的恐惧感吗？是蜻蜓那具有戳刺功能的下颚吗？是大龙虱幼虫长柄大镰刀似的上颚吗？是红虫和水蛭吗？也许。不过，也是因为可以接近水下世界；我们不需要租船或穿戴水下呼吸装置，在后院、学校或自然保护区里，就可以见到如此奇观。我们只需要一个网子和一个托盘，接下来这个奇妙的世界就等着我们去探索了。

　　每年这个时候我的工作包括早起（通常在 5 点以前）。但是，坦白地说，我喜爱这样的日子。只有在这段时间我才会被称作"蛙人""塘人"，偶尔还有"鸭人"（duck-man。不知道为什么，有访客时，学校似乎总使用这种奇怪的双名命名法）。

　　不过，今年有点不同。我头脑里盘旋的是有关性的信息。有好多次，当我和这些天真无邪的小孩子聊天时，我发现自己差点就全面披露出了池塘里动物们恣意的性生活。我常常一不小心触及危险防线，然后及时控制住自己。如果小孩子问我为什么一只大的水豚虱身体下面带着一只小一点的水豚虱，我也许会说："大的是男生——一只雄性——他在保护女孩，就是那只较小的雌性。"这是真的，但是，我克制住自己，不进一步说他守着雌性是不让她与其他雄性性交，而不是防备图谋不轨的捕食者。同样，当我们观看豆娘（蜻蛉）配对飞越水面时，还有当她把长长的腹部迅速伸进水中，在水面下产卵，而孩子们"哇啊"大叫的时候，我忍住不去告诉他们几周前莎伦·弗林特和彼得·弗林特绘声绘色地解释给我听的：在此之前雄性要把雌性的生殖道刮干净。我成了一位只透露一点内容的大师，为了教育的目的，讲一点，但不讲太多。

但事实是，当你直接给五六岁或七岁的小孩子讲动物的性时，他们通常就接受了。我会告诉他们："雌性产卵，需要和雄性配对——我们称之为'交配'。"他们就会点头并更仔细地看。随后，我会无意中听到他们说："老师，那些仰泳蝽在交配！"有时，我听到他们悄悄地一遍又一遍重复那些句子（"划蝽在交配"）。我猜想这是那天他们将要告诉父母的第一件事，对此我会很高兴。他们真的很可爱。真高兴听到他们使用这样不含丝毫隐含意义、没有被我们的污秽观念影响，也不会招致白眼或啧啧声的语言。毕竟，这是基础的动物科学。

然而，的确有些事情是我刻意隐瞒不谈的。例如，划蝽召唤雌性的方法，是用他的阴茎在一小片如你头发丝那么细的皮肤上摩擦，发出地球上最洪亮的（相对于他的体形大小而言）动物声音。"你看那边那只……"我想用最激动的声音说，"他正用他的**阴茎**爆发出一阵巨大的

　　　　　　　　地球上的性——动物繁殖那些事

的声音，能把你的耳朵震聋！"但是，别，朱尔斯，忍住别说——说了就再没人邀请你参加这样的活动了。

有关豉甲的话题更能被接纳。你可以和小孩子们花几个小时目不转睛地盯着这些小甲虫看，直接获得一些相当专业的信息，而不必再次提到阳茎或滥交的雌性。这些亮闪闪的椭圆形甲虫，大概像你的小拇指指甲盖么大。春夏两季它们疯狂地打转转，画着圈圈划过池塘的水面。盯着看一会儿，就成了一幅催眠的图景——它们冲刺、画圈，在水面上制造出成百上千的微小痕迹，随后很快消散殆尽。但是，它们的运动并不是随意的。它们在思考（在一定程度上），而且经常是在思考有关性的事情。雄性和雌性在这些漩涡中所处的位置是严肃的研究主题，很可能每一只小甲虫都在思量，从安全、觅食和交配机会来考虑，哪里是最佳的地方。

它们聚集在一起，让我想起了性感的旱冰迪斯科。它们像蝙蝠一样，在运动中要依靠回声定位——（靠特殊的触角）读取从周边物体上弹回的声波，这些物体也包括异性成员。如果你吓唬它们（我不用建议你如何去做），你会注意到雌性在漩涡的中心寻求庇护，而雄性则像保镖一样坚定地站在边缘，这一次它们防备的是掠食者，而不是对方。令人印象最深刻的也许是它们四处打转时的合作。它们像永远不会碰在一起的碰碰车一样，一直在计算，始终保持警觉和戒备——甚至配对的时候也是如此——它们每秒钟必定要做几百次运算，判断速度与距离，同时用视觉观察水面上下的情况；和射水鱼一样，它们的眼睛沿着水平轴分开，既能看到陆地也能看到水下。它们每一只都只不过是小小的甲虫，对小孩子来说，还有比知道甲虫可以做如此复杂的三角函数运算更让人觉得自己渺小的吗? 像大多数甲虫一样, 它们理应更值得我们的尊敬。

但是, 今年我的"池塘季节"结束了。现在是暑假, 这意味着我不需要再早起, 也不需要早早去睡觉。我终于可以去外面守夜, 观察一些夜间的性活动, 而不必担心第二天早上的身体状况了。还有一种动物是我一直希望能在观察名单上勾掉的。33 年后, 到了我看萤火虫的时候了——萤火虫是自然界中"必看"的奇观之一。

但是我要讲的远不止于此, 因为这章不仅要讲男孩如何遇到女孩, 而且要讲男孩如何径直飞过女孩, 而选择与灯柱交配的故事。这就是现代生活, 我们人类的频率全面覆盖的时代。

＊ ＊ ＊

晚上 10:05, 我坐在一个公共停车场的石砌路缘边, 看着 50 码开外一个站在汽车边上的人。他一定是我要找的人, 或者其中的一个。他身穿凯瑞摩夹克, 戴着防水帽, 手持电筒, 脚上穿一双结实的登山鞋。他抬头迅速看我一眼, 眯了下眼, 接着又在他的车旁忙碌起来。尴尬。

许多有向导的自然漫步以这样的方式开始。野生动物保护非政府组织认为面向公众组织有向导的徒步旅行很容易, 他们在广告中说: "在罗宾逊酒吧的停车场集合! 晚上 10 点! " 好吧, 这都没问题, 很好。但是晚上 10:05 天黑了, 而且在酒吧外面徘徊, 走到别人跟前, 像休·格兰特(Hugh Grant)＊一样装模作样地问陌生人: "请问, 你们是来

＊ 英国演员。

这里看萤火虫的吗？"（"说啥，伙计？"）这让我觉得很怪异。酒吧外面的吸烟者理所当然会因为我打断他们完全远离大自然的生活而觉得困惑。萤火虫是一种毒品的代号吗？我恐慌了。也许是的？深呼吸，朱尔斯。我又等了几分钟，站得离安全地带——我的车——更近一点。我也许来得太早……太早了。然后，我注意到了她们。两位女士坐在酒吧前面停车场明亮的灯光下两块假山石上，两人都穿着质量很好的结实的登山靴，就像我刚才看到的那个男人一样。她们手上有带纸夹的笔记板，其中一位女士戴着头灯。我想应该是她们，绝对是。我漫步走过去，富有喜剧色彩地说："萤火虫？"就在此刻，我注意到街对面站着大约 30 个人，全都穿着结实的登山靴。那两位女士爆笑不已，笑话我笨拙的搭讪。

其中一位女士自己介绍说她叫安妮塔（Anita），是我们野生动物基金会（Wildlife Trust）的向导，她温文尔雅，专业而友好，但是眼神中或许有一丝担心，因为她要负责 31 个人的安全——深夜去自然保护区，而几乎所有人都像我一样没有电筒。

我自报姓名，道了歉（以我的方式），然后穿过马路，朝那群看萤火虫的新手走去。我们的向导、萤火虫专家大卫·赛利（David Seilly）正在对人群讲解。他已经经受了其他参与者暴风雨般的一轮礼貌的发问。"我们大概能看到多少只萤火虫？""我需要穿防水服吗？""那里有厕所吗？"这都是些常见的问题。我看到了一个熟悉的人群——微笑的、友善的中产阶级，头发花白的人们。其中一些人牵着手。基本上，他们的生活正是我以后想要拥有的生活：健康而幸福。在场的还有几个学生，使团队的平均年龄下降了两三个月。

我以前从来没见过萤火虫。我很激动，但是，我尽力不把期望值设定得太高。我克制自己不去想被萤火虫们小小的身体照得像圣诞树一样的矮树丛，而是想象只看到一只，像圣诞树上的孤灯，从欧洲蕨装饰物深处闪出光芒。哪怕只看到一只，这个想法也让我激动不已。我喜欢它们所代表的意义。这是一种毫无戒备的动物，它不靠羽毛发出声音，也不通过粗厉的叫声、唱歌或舞蹈来吸引注意，而是依靠它身体后边射出的光子媒介。她温柔地对雄性说："宝贝，到亮光这里来，到妈妈这儿来。"无论如何，这听起来太荒谬了，一点儿也不像是在英国。这里夏季的雨很少温暖舒畅，而总是阴冷潮湿，淅淅沥沥下个不停。在这个地方发现萤火虫这类生物，实在太离奇，太像是在热带。

安妮塔把我们的名字从她的笔记板上逐一勾掉，讲解了安全要点，然后我们就出发了，列成一长队，在黑夜里去探索贝德福德郡、剑桥郡和北安普敦郡野生动物基金会管理的切瑞欣顿白垩矿场。据野生动物基金会的网站说，原先的采石场提供了硬白垩粉、做混凝土的石灰，修剑桥大学的材料就来自那里。我们去的东坑，一直开采到了20世纪80年代。据安妮塔说，它是个白垩粉外露的大坑，现在繁盛的灌丛中有60多种鸟类，以及一些不寻常的植物（别问是什么植物），当然，还有那些萤火虫。

我们穿过大门后，我们的专家大卫停了下来。谁都没有说话，我们在他身边围成一圈。夏天的太阳已经落下将近一个小时了，我们几乎相互看不到人，只有剑桥昏暗的橘色街灯，通过头顶厚厚的云层反射到我们身上。我们的眼睛适应了这些有限的光波。大卫也许有40岁，他留着短短的白发，声音非常平和，说话的时候，听起来像广播电

　　　　　　　　　　地球上的性——动物繁殖那些事

台的流行音乐主持人——抑扬顿挫的句子，带有一种穿透沉寂空气的节奏感。大卫是一位非常可爱的专家。他有种讨人喜欢的特点，就是他能够迅速挖掘出他广博的知识，而不需要一大摞科学论文来支撑。

在他有时间详尽解释之前，熟悉的一轮问题再一次向他袭来。实际上，起初简单的闲聊已经变成了全面的问答。一个长着络腮胡的人问道："有捕食者猎食它们吗？""它们如何越冬？"一位手拿棍子的女士问道。"它们在哪个阶段化蛹？"后面的一个外国学生问道。大卫用不出 30 秒的时间简洁地回答了每个问题，就好像排练好的电视专家（他很可能就是哦）。"请问，"我听见右边一个安静的声音说，"到底什么是萤火虫？"我想我们中间有几个人明显发出了抽气声。"萤火虫是一种甲虫，"我们的圣人答道，"在我们英国只有一种。它们属于萤火虫科，这个种的繁殖策略非常简单：体形大、不能飞的雌性发光，目的是吸引雄性，产出数量最多的卵。"

突然间平静了一会儿。树丛后面行进的队列暂时安静下来，没人再进一步发问。

"那么，让我们去看看它们吧？"安妮塔提议道。中产阶级人群发出一阵积极的、喃喃的赞同声。我们向前挺进，继续向前。跋涉的过程中，我们形成了一长串，沿着自然保护区的小径而下，穿过树林，然后突然走出来，进入荒芜的碗坑，那就是东坑了。现在由于完全适应了黑暗，我的眼睛能看清东西了。东坑沐浴在橘色灯光中，看起来辉煌壮丽，就好像被一个巨大的电子烤炉照亮了。整个地方大约是奥林匹克运动场的两倍，一层层看台的编号从 AA 直到 ZZ，在我们四周若隐若现，采石场的小道在我们前方闪现，就好像环形的运动员跑道；跑道在我们前方和四周旋转、环绕。热量似乎从白垩粉里向外放射，散发在潮湿的夏夜里。

我已经想过接下来的活动会花一些时间，就像所有好的自然写作中描述的那样，我们会搜索，搜索，然后是更多的搜索，接着，正当我们要打道回府时，我们会看见一个在这个被人工光源照亮的世界里像烽火一样闪亮的唯一一种革命性的无脊椎动物。那就是我们的萤火虫。我们会欢欣雀跃，拥抱，为这奇迹而啜泣。但是真实情况并非如此，完全不是这样。相反，一切比我想象的更简单，简单得令人不安。

当时是这样的：我们转了个弯，碰到第一长条植被，就看到五六只萤火虫像星星一样在草丛中闪烁。关于寻找萤火虫，你需要知道的第一件事就是，这相当容易。你不必像在与大自然的很多种邂逅中那样聚精会神。只需要寻找小光点，好了……朝它们走去。就这么简单，直接走过去。从远处看，它们相当像被欠考虑的吸烟者从飞驰的车中扔出来的发着幽光的烟蒂（我给它们取了个时髦的名字：自然界发光的烟蒂）。

短短几秒钟，五六个人组成的小分队弯下腰来，或坐或站，激动地围着每一个幽灵般闪烁的绿光。我走到最前面，脸低低地凑到地面。在这个距离，很难分辨队伍里其他人的脸，但是能感觉到他们的惊奇。"老天，你看那……"黑暗中不知名的男 1 号说道。"你不觉得太神奇了吗？"黑暗中不知名的男 2 号说道。"不可思议。"黑暗中的外国学生说。当某个人的电筒正好照到这只甲虫长满节肢的那一面时，一位比较富有的女士（她显然很熟悉这个地方）说："你可以看到，它们稍有点脏兮兮的。"哪怕在强光照射下，萤火虫仍然放射出她绿色的光，照

　　　　　　　地球上的性——动物繁殖那些事

亮了她牢牢抓住的豆科植物三叶草的茎。她很长也很瘦，像一只被拉长的土鳖虫，体长大约有土鳖虫的三倍，她长长的锥形尾巴摆到一边，幽灵般的光芒从最末端的三个节上放射出来。"你看那个……"男1号又说。黑暗中男2号轻轻地从地上捧起萤火虫，把她平摊在手掌上。绿光照亮了他深深的掌纹，我们都发出了轻声的赞叹。

"她是如何发光的？"外国学生问。男2号似乎很懂行："荧光素和荧光素酶，这些化学物质在三磷酸腺苷的作用下氧化。我想，是这样产生光能——她还可以开关。"就在此时，雌性萤火虫把她的光线调暗了一点。男2号说："也许该把这只放回去了。"他手掌翻转得太快了一点，萤火虫掉下去，然后消失在我们脚边茂盛的草丛里。她突然离开，我的第一反应是检查一下她是不是在我的头发里或躲藏到了我的肩膀上，但是，不，熟悉的绿光再次透过我们脚边稀疏的草叶照射出来。要摆脱这鬼东西都难啊。

我们以小分队为单位从这里缓缓前行，在路灯照射下，唯一可见的是我们不规则地闪着橘色光的头和手。我们小组里的每一个人都想要更加深入地了解草丛下面那些发着绿光的小小的烟蒂。我们像蠕动的甲虫一样前行。10只，20只，30只——我们发出的赞叹声仍然有些尴尬。我们在一个发亮的小斑点到另一个发亮的小斑点之间移动，似乎只花了几分钟，又似乎是几个小时。"老天，你看那……"黑暗中男1号说的话在泥坑里回荡。

我不想用下面的这个词，真的不想，但是，我打算将谨慎抛诸脑后：实在是太神奇了。是的，我说的是：神奇。难怪文学作品如此痴迷于萤火虫。那是一种奇异的、好看的光——一种柔和的微光，对人们说着："我们为和平而来。"最让我吃惊的是它们的公众形象。一种点亮了自己的动物？你也许认为我们轻狂的祖先会把它们视为魔鬼的把戏，对吧？相反，我们把它们放在一个特别的位置上：这些热情、友好的生物，值得与我们同床共寝。文学作品中对它们的描写都是正面而温馨的：老普林尼称之"闪亮的星星"，莎士比亚提到它们"苍白而徒劳的火"，华兹华斯描述一颗"生于泥土的星星"，托马斯·洛沃尔·贝多斯 * 写到"静静陪我们守候露珠的伴儿……带着他那点月光"，还有塞弥尔·泰勒·柯乐律治 ** 称之"爱的火炬"。丘吉尔说得好："我们全都是虫子，但是，我相信我是一只萤火虫。"

后来，它们成了人民的"甲虫公主"，但是……还是有点什么不对劲。我并不完全信服，坦诚地说，我为豉甲和划蝽感到有点伤心，这两种甲虫都用同样令人惊骇的手段引诱异性，却没能像这些可笑的小甲虫一样俘获我们的心。我们极端地迷恋烟火。

有几分钟，我不知不觉靠近大卫，听他回答不断壮大的粉丝团提出的更多问题。左边有人问道："以前英国到处都有萤火虫吗？"大卫琢磨了一秒钟，在得出深思熟虑的结果之前，他说道："我印象中现在也许仅限于几个大本营，嗯……是的，以前也许到处都是。"他看着头顶的云层反射下来的路灯光，静静地补充了一句："我很想弄清路灯对雄性萤火虫的影响。"我们当中好像只有几个人听到了。"等等，什么？"我叫起来。同一时间我们似乎全都停了下来。那些听清他说话的人静静地站在那里，思索了几秒钟。什么？在橘色光霭中，我几乎可以看清一

---

* Thomas Lovell Beddoes，英国诗人、剧作家、物理学家。
** Samuel Taylor Coleridge，英国湖畔派诗人。

　　　　　　　地球上的性——动物繁殖那些事

些人脸上的笑容。"路灯？"我身后有个人说。大卫思考了一下答案，似乎带着遗憾说道："麻烦的是，雄性也许会去和路灯交配，而不是与雌性交配。""它们干什么？"人群中发出一阵窃笑。我右边有个人问道："这就是它们数量减少的原因吗？"大卫答道："嗯，有可能。"

　　我站在那里，想象一盏路灯在雄性萤火虫看起来会是什么样子。不可思议的一长条，闷骚的红色调，带着不可抗拒的性感的嗡嗡声。雄性被牵引着他的光波束吸引，径直飞过雌性身边。我想象他们生命中的最后几个小时：扑扑地撞击一块明亮的玻璃板，直到死亡，或被一只路过的蝙蝠掳走。小可怜，你们受骗了。第一次，我真正下意识地想到，人类的行为、人类的洞察力、人类的精巧装置、人类的科技，会扰乱另一种动物的性生活。我想到一个好笑的念头：雌性产生了一种模糊的身体畸变，她们不断地为了符合雄性萤火虫的理想而努力，却永远无法演化出那长长的、细细的、橘色条纹的光亮（"该死的无聊的绿光！"）。有一刻，这个想法牢牢地占据了我的脑海，我清了清嗓子，不假思索地带着赞叹低声说："我们有光……我们有手电筒……我们看起来一定很性感。"人群中发出一阵紧张的笑声（毕竟，我们是深夜单独在一个奇怪的地方，没人能确定我是谁，或者是不是斧头杀人魔）。然而，这的确引起了我的思考。我们人类的追求在无意间还扰乱了哪些动物的性生活？人类的频率——嗡嗡的声音、亮光和噪声——对我们周围动物的性生活还产生了哪些影响？我们这些文明的家伙，是否给大自然造成了不适？可以预料到，答案是肯定的。而且，不单是大自然中的性有某些方面受到了冲击，在某些情况中，大自然也会还击——修改它的展示方式，以便更好地盖过人类的噪声。

马路就是这样的战场之一。在这里，汽车似乎扮演着掳掠猎物的超级捕食者，而自然选择正高速地运作着。除此以外，蚱蜢也成了诸如此类研究中可供选择的物种。至少有些蚱蜢正对这些骚动产生适应性特征。

蚱蜢通过后腿的一排小琴栓与前翼变厚的翅脉摩擦发声，每种蚱蜢都有特定的声音，完全取决于小琴栓的数量和摩擦的速率。因为蚱蜢通常与其他几种蚱蜢共享栖息地，自然选择促使每个种在发出声音时与其他种有所区别。2012年一些德国科学家在对靠近繁忙公路地段的弓翅蚱蜢与那些离公路较远处的同类种群数量进行比较时，发现了一些关键的差异。他们发现，一些来自嘈杂栖息地的蚱蜢在鸣唱中试图提高低频声，以便让它们的声音在来往车辆低频率的嗡嗡声中更容易被听到。大自然正在反击，而低频率是战场的边界线。实际上，在道路交通的喧嚣中，其他动物歌声中的低频部分似乎同样岌岌可危。2013年年初，在加拿大进行的一项研究表明，鸟的鸣唱中是否有低频成分，在一定程度上可以用来预测有多少鸣鸟在公路边安营扎寨。用人类的话来说，低频歌手似乎对道路失去了耐心，并想："管他呢，我要去安静点的地方了。"

这类研究成果令人着迷，主要是因为研究结果表明像鸣鸟这样的动物可能会无意识地计算它们的努力所起到的效果，并寻找最佳时机与最佳地点纵情歌唱（一些研究表明这就是鸟儿首选在早晨唱歌的原因之一——毕竟，声音在清冷的早晨传得更远）。

研究人员还进行了类似的研究，比较嘈杂与非嘈杂栖息地并考察那里的鸣鸟。这些研究暗示出同一件事情：鸟类繁殖期低频率歌声被淹没在人类的喧嚣中。在荷兰可以观察到，许多城镇或城市的大山雀的歌声比它们的乡下邻居的歌声频率高得多。在德国则是夜莺。它们在公路附近的歌声比在森林附近的歌声高出 14 分贝。旧金山的麻雀也比过去叫得更欢，尤其表现在音域更高。在这儿，麻雀中曾经流行三种"方言"。现在只有一种占主导：在轰隆的车声中，最刺耳、最容易被听到的那种。

最引人注目的是，动物在适应环境，而且速度相当快。目前尚不清楚它们是如何确切地做到这一点的。有可能它们在倾听，并对周围低水平频率做出反应。或者，可能基因库中发生了基因漂变，使鸣唱行为改变，原因在于种群中一些个体的声音没被听到，没有交配就死光了，它们的基因也就消失了。不论是出于哪种可能性，总之清晨的合唱团正在失去男高音。

尽管我们所了解的情况还非常少，但是还有一个地方的合唱团正在发生改变，那就是水下。这里生活着许多依赖声音生存的动物，包括鱼、鲸、海豚，甚至无脊椎动物。有的利用声音捕猎，有的利用声音发现猎食者或猎物，但是有许多利用声音来求偶。这些声音也许也正被淹没。当然，汽车非常吵，但是，你是否听过石油公司轮船的喧嚣？那些船上装备着空气枪，它们同时发射，声音大得足以让人探测到岩石下面的石油储存反射回来的回声。我也没听过那种声音，但是如果我们教会有鳍动物这个标示——"噪声太大，请停止"，我怀疑它们会告诉我们更多。那些水下工程也一样，人们往海底打桩，接着又炸掉，噪声能传播几百英里，也许更远。对于海洋生物来说，我们也许是来自地狱的邻居。

然而，更让人担忧的是海洋噪声的迅速增加：单单从 20 世纪 60

年代以来，有些地方这样的噪声竟成百倍地增加。真的很伤脑筋，令人担忧。鲸和海豚可以为研究此类影响提供有用的范本，很大程度上是因为它们的声音相对容易研究，它们发出的声音在动物中是最大的（蓝鲸的声音高达 188 分贝，只比在你头上绑手榴弹并拉引线的声音小一些）。这些叫声可以传播 600 多英里，相当于吊在伦敦自然博物馆顶棚上的那只蓝鲸与瑞典哥德堡自然博物馆里的蓝鲸模型聊了一次天。

关于这些叫声的目的，现在依然有争议。叫声可能是用于交流几条信息，包括物种、活动、位置、社交信号，当然，还有关于性的信息。这些叫声会受到海底噪声影响吗？目前依然没有定论，但是，这正成为热议的话题。许多人认同，不断增加的海洋噪声有可能影响海洋生物的生活和爱情，至少会有一点点影响。对于有些物种来说，也许这并不算什么，它们只要大声点叫喊就好了。但是对其他物种呢？接下来几年，这个研究领域也许能为人们提供非凡的洞见。

那么路灯呢？如果它们对我的新欢萤火虫造成潜在的影响，那么对其他类似的生命呢？众所周知，蛾类因为被人工光源吸引而亡（尽管这对整个种群的影响还不得而知）。如果事态严重而且当真如此，蛾类数量的下降也许会影响只在夜间开花的植物的性生活。如果蛾子忙着在光中嬉戏，而不去为花朵授粉，从演化的角度来说，也许两者都会消失（当然，蛾子的问题比这更为严重——栖息地流失和破碎 * 是关键问题）。

路灯虽然不大可能杀死整个种群，但无疑有能力改变无脊椎动物的社群，有时甚至可能起到好的作用。最近的研究表明，新安装过路

---

* 栖息地破碎是个新说法。有的生物如蜂鸟的栖息地不是固定的，而是由它们的飞行路线决定的一系列区域。若是途中某个区域的环境遭到破坏，不适于蜂鸟生存，就可以说蜂鸟的栖息地破碎了。

灯的路面会成为深受猎食者和蚂蚁、盲蜘蛛、片脚类动物及土鳖虫等食腐的无脊椎动物欢迎的地方——食物充足，因此可能给有些动物带来大量交配的机会。但是，像在海洋中一样，研究还处于初期；还需要做更多研究，而这样的担忧也许有点夸大其词。令人吃惊的是，正如海洋生物的情况一样，目前极少有人研究夜晚的光可能对无脊椎动物带来的影响。毕竟，据估计全球人造灯光的使用以每年 6% 的比率增长。我们将来会后悔没有更早开始研究吗？我的观点是这些是已经为人所知的未知领域，就好像唐纳德·拉姆斯菲尔德（Donald Rumsfeld）*曾经说过的那样，我希望有一天这些都成为完全成熟的"已知领域"。

但是我离题了。现在该回来说那些萤火虫了。

我看了一下表，时间是晚上 12∶30。该离开切瑞欣顿白垩坑，打道回府，上床睡觉去了。我们看过的那一大群萤火虫，每一只都曾被人围观、密切地审视（甚至到最后，黑暗中男 1 号依然偶尔发出一声"老天，你看那……"）。

我谢过野生动物基金会负责这次活动的工作人员安妮塔，她很遗憾地指出，我们一只雄虫都没看到。天哪，雄虫？我花了那么多时间膜拜雄性萤火虫的"祭坛"，以至于把他们给忘了。安妮塔描述说那些甲虫长长的，十分敦实，头上有个宽边的头盔（后来我见到了雄虫的照片，她讲的完全正确：他们看起来像戴着安全帽的磕头虫）。雌虫的星光实在是太璀璨了，我当时根本没想到雄性。我道了别，独自闲逛回去，穿过染上了橘色光芒的寂静的街道，回到车上。闭上眼睛，我依然能看到

---

* 美国政治家、商人，曾任美国第 13 届和第 21 届国防部部长。

她们。她们的绿光像从黑色卡片上的小孔中透出来的小亮点一样在我脑海中闪耀。"老天，你看那……"黑暗中男 1 号的话在我的内心独白中不断回响。

我建议大家去看看萤火虫，在我探索动物性生活的旅程中，它们是到目前为止最精彩的一个部分。野生动物基金会通常会在整个 6 月和 7 月提供无数次徒步去英国境内许多观察点看萤火虫的机会。如果你有孩子，带上孩子们一起去吧（看看他们的小脸蛋熠熠生辉的样子）。

我从酒吧公共停车场把汽车开出来的时候，已经是凌晨 1 点。我这才觉得累了。该回家了。通往我家的 A14 公路已经关闭了，所以，我从小路穿过去。即使这么晚了，汽车仪表盘上温度计显示的依然是 21 度。前灯照亮了数千只蛾类的身体，它们正忙于觅食、寻找伴侣，像盖革计数器一样测算着信息素的浓度。我深深地吸了一口气，试着发现任何独特的气味，任何可能引导它们交配的化合物的痕迹。有一小会儿，我试图让自己解脱出来，脱离人类的频率。我打开车窗，再次呼吸空气。什么也没闻到，尝试是徒劳的。我的汽车发出像刺鼻的泥潭水一样的臭气。我又试了一次，从踏板处散发出一阵难闻的臭脚丫味。

在回家的无聊旅途中，我的车灯照亮了成百上千只蛾子，就像深海潜水艇的前灯点燃海上飘落的雪花一样。它们有的像幽灵蝙蝠那么大，有的比肚脐眼儿还要小。它们像冲上道路的溪流一样朝我直扑过来。有几十只撞上我的保险杠，或是撞在挡风玻璃上。有的被弹飞了，听起来好似要把玻璃敲碎。每次我都会皱一下眉，为它们被剥夺的性生活而感到内疚。这些动物的频率，被我自己的频率打断了。

第九章　难以逾越的背后爬跨

　　下午晚些时候，我们从阿伯里斯特威斯往南，驱车一个小时前往度假点。在这家农场里，坐落着三幢精装的度假小屋，其中一幢将是我们下个星期的居所。一到达那里，就有一只边境牧羊犬*带领我们在农场行驶，确保我们为鸭子和鸡让路。蝴蝶飞舞，红鸢鸣叫，马蝇停在汽车引擎盖上晒太阳——此时正值夏日，夏天的感觉已经无处不在。实实在在的田园风情。我们对即将来临的难挨的时光确信无疑。

　　我们停好车，停车场的主人史蒂夫走过来，介绍说那只边境牧羊犬名叫比莉——那是他忠实可靠的随从和好伙伴。我们和史蒂夫握手，他朝在厨房里的妻子示意。她看见我们，隔着窗子向我们挥了挥手。接着，他提到他们的小家伙。小家伙从农场院子那头偷偷看我们，然后自信地迈开腿朝我们走来。他还是个小婴儿，但是很骄傲。太骄傲了，以至于我不敢让他接近我蹒跚学步的宝宝，她还被安全带紧紧地缚在车的后座上呢。史蒂夫家的这个小家伙很傲慢，带有一种罕见自信的傲慢。他径直大踏步朝我走过来，我努力保持镇定，但事实是，我的私人

---

* 边境牧羊犬原产于苏格兰边境，为柯利牧羊犬的一种。

空间可能马上就要被入侵了。他张着小猪嘴朝我冲过来。震惊之余，我顿时失去了平衡，跌倒了。对此史蒂夫说道："别让他得逞。"他说的是他的宠物猪。

你也许会吃惊，我生平还从来不曾和一头猪正面交锋，更不必说和一只这样无礼的小猪。我根本不知道它竟会如此粗鲁。我低头看了看我的腿，注意到我的牛仔裤上有个猪嘴的泥印，感觉就像脸颊上挨了一记热辣辣的耳光留下的印子。他哼唧着在我脚下的泥泞里到处拱，把我的脚朝左推，朝右推，好像我根本不存在。当他估量着我穿的人字拖的热量含量时，背上粗糙的白毛蹭到了我的小腿。史蒂夫说："这是我们的猪，叫奥利。"他脸上洋溢着骄傲，显然，奥利是他们的黄金宝贝。

我尽力表现出感觉还不错的样子。我和它站在一起。别忘了，我热爱动物，对吧？只不过，好吧，我无法接受这个。我假装我可以，但是我真的做不到。六个月大的奥利已经有一个热水壶那么大了，他的眼睛像邪恶的标灯，鼻孔像电话拨号盘，脸看起来像廉价的烤肠掰开的那一端。而且他超级自信，目空一切。我在他眼中什么都算不上；毫无价值，除非他能找到某种方法穿透我的皮肤，碰到皮肤下没多少肉的骨架。不过，我克制住不对史蒂夫提这个。相反，我决定一边拍奥利的大屁股，一边咬牙切齿地谎话连篇。我笑道："这家伙挺好玩的，嗯？"我对他谄媚地说："你在找零食吗？"我的妻子和女儿锁着车门，待在车里。奥利游荡着走开了，现在他正在翻车后面的垃圾桶，把一个装过苹果汁的空玻璃瓶的底咬下来。史蒂夫难为情地说："奥利，不。"他朝那头猪跑过去。"不！"他抓住小猪的左腿把它拖回来，并轻轻打了它一拳，奥利根本就不在乎。

过了一小会儿，奥利大摇大摆地围着车走，正碰上艾玛鼓足勇气出来。她看见小猪靠近，就又紧张地回到了车上。他开始抽着鼻子走向草坪，把草坪上的布置毁得一塌糊涂。"奥利，不，不，奥利。"史蒂夫又追在奥利身后，用两条胳膊抱住猪的身体，试图把他从草坪上带到别的地方去。随便到哪去。奥利确定他一向想要的是砾石，接着压低沉甸甸的脸，埋头开始完成这项任务：用嘴拱，用鼻子嗅，把石头吞下去再吐出来，仿佛他要靠这个活命。这正是真正让我郁闷的一点：它是一头猪，一头喂得很好的猪，为什么要吃石子？为什么？

我这辈子大部分时间都在观察动物，还从来没有见过有这种行为举止的动物。艾玛和莱蒂通过车窗试探地往外窥视。我极力告诉我女儿不必担心，面对面地看到一头现实生活中的猪，对她来说将是幸运的事。"看，一头猪！"我鼓励地朝她点了点头，意思是说，"就像粉红猪小妹一样！"我试着把我腿上被猪嘴拱的印子藏起来。莱蒂可以从我的眼神里看出，这只是个精心设计的诡计。

我和史蒂夫聊天的时候，母女俩总算偷偷从汽车上下来了。十分钟时间内，奥利撞翻了一口锅，把锅底弄裂了（"不，奥利，不能那样！"），嚼碎了一个浇水的罐子（"不！"），还试图残害那只边境牧羊犬比莉（"比莉！不！坏狗！"）。我们打开行李之前，史蒂夫建议我们和他一起绕着农场散散步，去看看别的动物。我几乎没听见他在说什么。"你在想那头猪，对吧？"他平静地说。我疲惫地点了点头。

稍后我们在农场的院子里见到史蒂夫和另外几位房客（大家同样被这场奇怪的欢迎仪式弄昏了头）。我的小女儿坐在我肩膀上。当我们听到鼻子抽气的声音和小蹄子碎步跑过院子的声音时，她的手指扣住了我的脖子。奥利，当然，那是奥利。不过相隔几分钟，但他似乎长大了。他现在如此敦实，移动起来像橄榄球前锋；往前运动时像是使出了一大群哼哼唧唧的人全部的力量，每个人都抱着同样的决心前进，奋力挣扎着向前，一步一个脚印。史蒂夫开心地说："噢，奥利。"而奥利冲进我们中间，像审视他点的菜一样，考虑要把我们哪个人拌成人肉糊。艾玛看看我肩上的莱蒂，确保她安全地坐在那里，同时似乎在想上面是否还能坐下一个人。我们就站在那儿，在院子里待了一小会儿。史蒂夫开玩笑地在猪屁股上长长地挠了一下，几秒钟后，奥利就像狗一样躺下来，带着一种叫人觉得可怕的欢快劲儿扭动着一条后腿。那猪得到如此高的关注度，让我们全都开怀大笑，并以伟大的英国方式，从牙缝里挤出礼貌的谎言。我的背都痛了，我女儿快把我压趴下了。我怀疑那头猪知道这一点，他正等着呢。

史蒂夫带我们游览他的农场，带我们去看小鸡（奥利把它们赶跑，抢了它们的食，接着掀翻一罐动物饲料，然后开始狼吞虎咽）。史蒂夫带我们去看马（奥利使劲拱史蒂夫的屁股，结果史蒂夫手中拿给马吃的胡萝卜掉了下来，于是奥利毫不犹豫地窃取了胡萝卜）。接着，我们看了一头新生的小牛（奥利撞翻了一个电子屏障，花了 10 分钟才修好）。史蒂夫转着眼珠子说："老天，奥利……"30 分钟后，我们每个人都烦透了奥利。就连我们忠实的边境牧羊犬比莉也避免和他目光接触。

我们沿着田埂往回走，朝猪圈走去。肩膀上有个细小的声音为我实时报告奥利的动向："爸爸，奥利在妈妈身后。""爸爸，奥利停下来了。""爸爸，奥利又在追我们了。""爸爸，奥利要来抓我。"我的肩膀已经疼得要命。

我们站在猪圈边，这时，史蒂夫给我们讲了一个感动人心的故事。奥利的妈妈生产的时候，显然是无意地坐到她的孩子们身上，除了奥利，其他的小猪崽都因缺氧而死。他们把奄奄一息的奥利救出来，决定亲自照料它。一开始是放在鞋盒里的小乳猪，接着长成养在笼子里的小猪，然后是这种半大猪的样子，旋风般在我们脚边转来转去。我们为他感到难过。这一刻我们所有人真切地为这头野兽悲惨的小生命感到悲伤。

接着，奥利设法用他圆木一般的头拱开猪圈的栏杆，跑了进去；他几乎用后腿站立起来，冲向他的一个表兄弟。他胖嘟嘟的嘴几乎张不开，他的脸狰狞、肿胀，但是不知怎的，他把嘴往头后翻，下颌呈三角状向下猛咬住那头猪的喉咙。接下来的这一幕，奥利的表兄弟甚至还没看清就发生了；他嚎叫起来，叫声中混合着恐惧和不幸。我们没有看到血，但是有泡沫和唾液。很多泡沫和唾液。奥利把他的表兄弟左右甩动，然后拖到地板上，同时无时无刻不在调整他那致命一咬的位置。史蒂夫跨过栅栏，而我们沉默地站在那里，不无尴尬（这也许是最尴尬的时刻）。史蒂夫脱下一只长筒雨靴，开始劈头盖脸地抽奥利。"放下！奥利放下他！奥利！"他们跑了一圈又一圈，奥利无恶不作，而史蒂夫用长筒雨靴一下又一下地抽打着他。场面极其恐怖，真的很可怕。观看这场景的人都险些吓掉条命，我想帮忙，但是小姑娘坐在我肩膀上，我感觉无能为力。

奥利最终失去了兴趣，放了他的表兄弟一马，而牧羊犬比莉设法把那只被围困的猪赶到了安全地带。有一小会儿，奥利的脑袋又挨了几雨靴，接着混乱达到了疯狂的顶点。牧羊犬比莉突然无法控制她的兴奋——我猜她从未经过这种场景训练——她开始四处奔跑，在我们中间窜。她全程都看着奥利。她开始喘气、狂吠，咬奥利的后脚跟，而奥利似乎突然切换到这个活动中，这也许是他有生以来唯——次接近真正的危险。比莉吠叫着，推搡着奥利，围着他转圈。"比莉，不！比莉，脚后跟！比莉！"接着……事情发生了。比莉令人费解地爬到奥利身上。她把她的前腿放到了奥利的身体上。奥利笨拙地摇摆着身体，设法甩开她的爪子，接着，拱起背来保命。奥利背着这个狂躁的主儿在田地里跑了三四十米。比莉开始更猛烈地喘息，就好像"她"勃起了一样……比莉勃起了，比莉……是只公狗。"比莉，不！"史蒂夫大叫道。我肩上传来一个天使般的声音。她在我耳边低声说："爸爸，比莉是个淘气的小男孩。"

* * *

在海上任何地方，都很容易把这些蜥蜴丢下去，但是，它们更巴不得让人抓住它们的尾巴而不是跳入水中。

达尔文在《一个自然学家在贝格尔舰上的环球旅行记》中如是写道，

我把一只蜥蜴带到退潮时留下来的深水坑中，尽力往远处丢了几次……我几次捕获同一只蜥蜴，都是把它赶到同一个地方。尽管它拥有极其完美的潜水和游泳能力，但没有什么能引诱它进入水中；不管什么时候我把它丢进水里，它都会如上面所描述的那样返回水面。

我们通常认为达尔文是一位严谨的科学家，一位探寻真理的新方法的发现者，一位深刻而审慎的理论家以及思想家，但是，我喜欢这段文字是因为其中体现了他青年时期的好奇心和求索的热情。最棒的当然是在他写下这些文字180年后，如今我们正生活在达尔文启蒙的时代，这是他当时绝对没有预见到，也尚未了解的。在这个世界上，我们运用达尔文的思想去研究海鬣蜥的心脏、海鬣蜥的大脑、海鬣蜥的行为、海鬣蜥的细胞程序，当然，还有海鬣蜥的手淫。因为海鬣蜥已经成了最著名的动物手淫者之一。

海鬣蜥是一种敦实的动物，主要在海洋中生活觅食，这在现代蜥蜴中是独一无二的。达尔文对它们的描述出人意料地悲观："巨大（身长2–3英尺）而恶心的、行动迟缓的蜥蜴，是海滩上黑色块状熔岩上的常客。它们与带有气孔的岩石一样黑黝黝的，它们在这些黑色的岩石上爬行，寻找来自海洋的猎物。我把它们叫作'黑色的小恶魔'。"这就是达尔文在"贝格尔号"旅行日志中所写的。现实中的它们更多彩一点，带点淡淡的红色、青色或砖红色，具体取决于你观察的是哪个岛上的亚种。在繁殖期，雄性拥有由多个雌性组成的小宫闱，并努力保卫这些雌性（雄性因此演化出更长、更强壮的体形）。他们在海滩繁殖场所上的情景与雄性海象并没有什么不同。而且和海象一样，这使得体形较小、在群体中不占统治地位，也没有妻妾的雄性个体处于不利地位。对于他们来说，偷欢也许是实现基因梦想的唯一希望。

在1996年一篇题为《交配前射精打破海蜥蜴交配过程中的时间限制》的论文中，经过马丁·威克尔斯基（Martin Wikelski）和希尔克·伯力（Silke Baurle）这两位作者的报道，这些蜥蜴的生活终于大白于天下。体形较小的雄性海鬣蜥面临的大问题是干扰。从交配到射精要花整整三分钟，处在那暴露无遗、光秃秃的岩石上，这是相当长的一段时间。将近 30% 的雄性从来没有射过精，雄性竞争者会恼怒地将这些无礼的闯入者赶走。不过，作者的报道让人吃惊。观察发现，一些体形较小的蜥蜴会在与雌性见面之前手淫，做好交配的准备——这样做可以让它们用更短的时间交配，不那么容易被竞争对手打断。据作者说，如果你是一只年轻的海鬣蜥，用手做前戏可能使交配成功率提高 41%；在演化上轻而易举就能成为一种重要的繁殖策略。"这种策略展示了一种特征的适应性意义，其功能与不引发射精的'手淫'对等，而且似乎是脊椎动物所特有的。"作者如是说。简言之，手淫者胜出。

现在，我知道你在想什么，这也是我正在思考的：海蜥蜴**实际上是如何**手淫的？作者在一些私人通信中写道："海鬣蜥（大多数是年轻的雄性）采取一种交配姿势——体侧向后弯曲，泄殖腔抵在一块岩石上（通常是这样）。它们并没有大幅度的动作，但是，尾部/屁股会有些抽动。"这下你懂了吧。

除了海鬣蜥，用达尔文主义的观点来看，手淫对于动物王国中几乎所有其他动物来说，都保留着一点神秘感。毕竟，想想看，浪费精子（手淫有时候会引起这种结果）的适应性特征如何能通过基因库传播？对于雌性来说，这样的行为会增加繁殖成功的机会吗？坦率地说，除了取悦自己，手淫并不会让手淫者比不手淫者产生更多的后代吧？实际上还有更大的问题，例如，手淫能让非人类的动物产生快感吗？手淫对它们来说"好玩"吗？

尽管看起来很难绕开达尔文主义的解释（且不论海鬣蜥），但手淫（在文献中通常称为"自我性行为"）实际上很普遍，至少在脊椎动物中是这样。目前已知很多动物，包括雄性与雌性，都有这样的行为，例如狮子、灵长类动物、蝙蝠、海象、北美黑尾鹿、斑马、盘羊、疣猪、鬣狗、鲸、鸟类。动物用它们的鳍状肢、尾部、脚、嘴来达到目的。宽泛地说，只要够得到，那就很好，行动吧。为此，它们揉搓乳头（如果有的话），抓彼此的生殖器，或把它们的那玩意在无生命的物体上摩擦，比如豪猪在小树枝上摩擦，大象以及企鹅在岩石上摩擦，海豚还会在有生命的物体，如戴着水下呼吸器的潜水员身上摩擦。就在我写到这里的那一刻，YouTube 视频网站上正在热播一段海豚对着一条鱼的头部自慰的视频。我可没骗你。

我观察到的动物手淫现象主要来自我家的狗比夫。比夫曾是一个花样百出的手淫者，他使用多种工具来让自己达到高潮：网球、他的嘴、坐垫、毯子、他的后腿，诸如此类。你无疑也知道狗喜欢这样，但是还不止于此。尽管想到动物手淫时，出现在我记忆中的主要是比夫，但是我也会记起小时候在动物园见过的一匹河马。当年轻的动物饲养员正对着观看河马的人群讲解时，那匹雄性河马走上前来，站在他的身后，并与一个裂开的西瓜交配。这幕古怪的场景铭刻在我童年的记忆中，这也许无足为怪。饲养员讲完后，问众人："有人有问题吗？"大约30 个人举起手，饲养员平静地加了一句："请不要问有关西瓜的问题。"

在动物园经常能观察到此类动物行为，一般认为是一种临床问题，类似于豢养的动物在无聊或者遭受虐待时多发的神经质行为。对某些个体来说，可能确实如此。布雷恩·斯威特克（Brain Switek）2013 年在《写字板》杂志上发表了一篇题为《海獭是怪胎，海豚、企鹅和其他可爱的动物们亦是如此》的重要文章，里面讲述了斑海豹幼崽在加利福尼亚蒙特利湾的一系列可疑死亡事件。在短短三年的时间内，出现了无数起雄性海獭用斑海豹的幼崽自慰的案例，在此过程中常使幼崽受到致命伤害。兽医分析表明海豹幼崽的鳍状肢、眼睛、鼻子、生殖器以及直肠肠道受伤——全都是精力过盛的海獭造成的。没人能确定是什么导致那些问题海獭出现这种行为。不过，这篇文章的突出之处（文章本身以《海洋哺乳动物》中的科技报道为基础），在于指出这些事件中的一对惯犯是两只从蒙特斯海湾水族馆放归的海獭，在此之前它们曾在一次搁浅、受伤的海獭救助项目中接受康复治疗。这暗示出那些年轻的雄性或缺乏竞争能力的个体也许会寻求"雌性代用品"——可以让他们完整地进行一次性行为的物体。谁知道呢，也许这样的行为可以被视为一种"练习"？如果是这样的话，这样的活动也许有达尔文理论意义上的益处，尽管从人类的感受来说似乎违反伦理而且恐怖不堪。

　　尽管手淫现象在脊椎动物中似乎相当普遍，但是对于那些观察野外种群的人来说，这个领域的研究非常困难。通常不太容易观察；可能进行得很快而且转瞬即逝，或是隐藏在理毛或抓挠等其他行为中。结果，这样的研究通常会引出更多的问题，而不是找到问题的答案。2010 年 9 月，《公共科学图书馆》(PLOS ONE) 杂志中的一篇文章报道了 20 只雄松鼠癫狂而古怪的举动，这些松鼠全都手淫至射精，随后还有许多松鼠吃掉了射出来的精液。很简单，可是为什么呢？它们为什么要这样做？这样的行为会有什么适应性上的理由？没人知道。也许松鼠的精液有抗菌功能？也许饮用精液有助于防止水分流失？也许这能清理肠道？或者如果你是松鼠，松鼠的精液也许尝起来味道很好？多花一点时间与精力，这些问题也许会成为科学问题或是急需下一代科学家去研究的课题；围绕这些问题我们可以推翻某些假设，获得关于手淫真相的更正确的见解，以及经得住验证的观念。但现在还为时过早。

目前，在野外观察到的许多动物手淫现象似乎仅止于观察。但是，那些海鬣蜥尤为引人注意，因为它们暗示出手淫具有一种演化的目的，当然，这并不是说，所有的手淫都是符合达尔文学说的。不管怎样，手淫并不直接与达尔文学说相关。像任何适应性特征一样，性可能被挪用于其他目的；就一个著名的物种而言，是建立友好联盟、对抗外敌。因此，不可避免地，我们该谈谈倭黑猩猩了。

直至1929年倭黑猩猩才引起世界的关注，那个时候人们意识到"黑猩猩"实际上代表两个种。而直到第二次世界大战后，才开始有人研究和了解倭黑猩猩丰富的社交生活。早期的一段描述（基于动物园里的动物）概括的黑猩猩和倭黑猩猩之间的不同，在今天依然是正确的。描述中指出，倭黑猩猩活泼、神经质而且敏感——缺乏黑猩猩暴躁的气质——倭黑猩猩很少打斗，就算打架，也只是踢几下，而不是撕扯、咬。一段描述写道："倭黑猩猩特别敏感、温和，完全没有成年黑猩猩那种暴戾原始的力量。"根据早期的另一段记述，还有人观察到，倭黑猩猩的交配"更像人"（是的，像我们），而黑猩猩"更像狗"（就是我们说的"狗爬式"）。我们人类似乎并非唯一使用传教士式体位性交的动物，实际情况对某些具有宗教情怀的人来说是个沉重打击。早期的作者爱德华·川茨（Eduard Tratz）和海因茨·赫克（Heinz Heck）还注意到一些情况：雌性倭黑猩猩的生殖器看起来**适合**这种交配模式。其阴户位于两腿之间（与我们人类一样），而不是从臀部突出（也就是说像黑猩猩那样）。倭黑猩猩的阴蒂是突出的、可勃起的，而且位置朝向正面，也和我们一样。

　　这是个重大的发现，毕竟，面对面交配曾被认为是只有人类才做的事情之一，是具有重要意义的非动物行为，毕竟，这是传教士式体位。这曾是通过传教士向世界各地的"原始"文化传播的性健康建议。在性交、亲吻、搂着对方身体的过程中，只有我们人类可以凝视对方的眼睛。我们不是动物！我们很特别！然而倭黑猩猩也是如此。现在不论是野生状态还是圈养状态下的倭黑猩猩的性活动，都有了详尽的描述。哪怕你都了解，时不时听听细节也是很棒的，因此，请允许我讲述一下细节。

　　倭黑猩猩无论同性还是异性之间都广泛混交。雌性可能会用胳膊搂着其他雌性的身体，猛烈地摩擦彼此的阴蒂（这种行为叫作外阴摩擦），雄性明目张胆地为彼此口交，或者以传教士体位摩擦阴茎。人们曾发现有些雄性倭黑猩猩倒挂在树上的时候，用阴茎做"击剑运动"——仅仅是为了获得快感，你可以想象一下。一种经典的行为是偶尔的"臀臀接触"，倭黑猩猩在一起摩擦臀部以刺激生殖器（换言之，"擦擦啪"）。它们也接吻。我不是指"建议在父母的陪伴下观看"的普通级的方式，而是全面的法式亲吻。但还不止于此。它们对手淫的态度极其开放，要么自己手淫，要么为对方手淫。它们按摩彼此的生殖器、按摩自己的生殖器（尽管还没有出现通过手淫射精的报道）。据观察，手淫方式最多样的是青春期雄性和成年雌性，不过它们基本上全都谙熟此道。

　　如果我心生悲哀，那只是因为在科学年代中我们居然这么晚才发现倭黑猩猩。想象一下，如果我们在发现黑猩猩*之前*发现倭黑猩猩，会是什么情况？我们想象中的祖先在我们看来将是怎样？我们的历史书上描绘的古代人类祖先会不那么像原始好斗的野蛮人，而更像一队性嬉皮士吗？实际上，"相爱，不要相战"的口号尤其适合倭黑猩猩，它们利用性达成的目的，就是和平。

在社会性动物中，没有任何东西能像食物那样在个体之间引发暴力行为。食物竞争让它们显现出最阴暗的一面，在大多数物种中，你可以预料到有发生口角的情形，或者至少是一些镇压和拍打。但是在倭黑猩猩中，这样的场景很罕见。为什么？你猜到了，它们只要与自己最亲近、最亲密的同伴来点臀臀摩擦、相互手淫或全情沉浸在性爱中就化解了紧张气氛。这相当于两位英国绅士要一起进电梯的动物版本："不，您先请。""不，**您**先请。""还是您先。""还是您先……"或是商务会议上某个人在大家为一点小事争执起来时坚持让大家喝咖啡、喝茶。或是某个人在喧闹的酒吧里劝架，说："嘿，伙计们，大家来这儿都是为了开心的。"倭黑猩猩的性爱有点像化解上述场景紧张气氛的手段——除了相互手淫之外。

倭黑猩猩用这样的行为作为一种社会润滑剂（不妨这样说），化解紧张、促进分享、让大家开心。但是有时雌性把性当作某种武器。她们提供一点性服务，以交换雄性拥有的水果之类。正是这个制约着雄性，使得混杂且迁移不定的群体成员待在一起——这种状况可能有助于基因流动。

我写这些句子的时候，桌上放着一本厚重的参考书——灵长类动物学家弗兰斯·德·瓦尔（Frans de Waal）*的《倭黑猩猩：被遗忘的

---

* 荷兰灵长类动物学家、动物行为学家。

猿》。这本书很不错，尤其是弗兰斯·兰庭（Frans Lanting）＊拍摄的照片：一页一页，全是倭黑猩猩，有正在嬉戏的、哀痛的、喜气洋洋的、神采飞扬的、精神饱满的、满怀感激的、幸福的、睿智的、敏感的，偶尔还有拍得极精彩的性高潮的样子——不管是雌性还是雄性。这种猿尽可能以最佳的方式来利用性，以便让大家过得更好。在倭黑猩猩的世界里，孤独的假正经者灭绝了。

我们不能认为所有表现出手淫行为的动物都像海鬣蜥那样严格地计算繁殖的机会。如果倭黑猩猩告诉我们有关手淫的一些事情，那就是性行为并不总与达尔文学说直接相关——繁殖上的益处可能会延迟。但是，至少就某些动物而言，手淫行为也许并不是临床症状，而是雌雄比例失调，或是雄性或雌性本身因为先前受伤或康复不完全而导致体质较弱（可能就像那些海獭的情况）时，体现出的应激特征。手淫行为是复杂的。

那我之前写的那只边境牧羊犬比莉（其实是比利）呢？那只牧羊犬在毫无征兆的情况下，趁机跳到那只名叫奥利的猪身上，让自己爽了一番。当时到底发生了什么？狗到底为什么爬背？我花了很长时间思考这个问题，始终不得其解。

犬类研究者对于人类过去在驯化我们的犬科朋友时起到多大的影响并未达成一致意见，但是通过考古挖掘，我们确定这可能发生在1万年前到2万年前这个时间段。它们到底是如何清除障碍进入我们的心灵中的，或者我们在何种程度上出于我们的需求（安全、狩猎、陪伴）

＊　荷兰摄影师。

　　　　　　　　地球上的性——动物繁殖那些事

而喂养它们，都依然是有待严肃讨论的话题。不过狗的前身是狼——我们都同意这一点。

灰狼的性爱感人肺腑，一直是很多自然节目的主题，有些节目也许你看过。一般来说，灰狼是一夫一妻制，通常终生不渝。晚冬，母狼变得更加乐于接纳公狼，她们开始把尾巴翘起来，更好地展示阴户。在交配过程中，公狼从后面跨坐在母狼身上，将阴茎插入，在母狼体内稍微膨胀一点。在这个时候，他开始拱起脊背。它们形成"交配结"——紧紧地连在一起，如果雄性愿意（或者如果有情敌推挤），他可以翻个跟头，和母狼背对背地站着，而阴茎依然紧紧地插在母狼后腿中间。

如果对照比较一下狼与"乡村土狗"（一种典型的"饲养"的非洲狗，被认为最类似于预想中早期的狗的祖先）的性生活，你会看到几个有趣的适应性改变。乡村土狗交配的时候"交配结"显然锁得更紧，竞争者可能更难以让交配双方分开。它们的雄性交配后也更有可能遗弃雌性，到别的地方寻求交配机会，而狼一般不会这样做。基本上，乡村土狗流动性更大、竞争更强，显得更古怪。

爬跨 * 不仅限于雄性或雌性之间，在很多狗的生命中很早就会出现，通常是通过玩耍。专家们把这个现象和兴奋、刺激或压力与焦虑联系在一起，一些专家还把这称为一种经典的转移行为（当狗产生情感冲突时所采取的应激反应）。这种行为也许会因不熟悉的新访客、小孩、焰火、搬家或诸如此类的事情而引发。在这类情况下，他们会快速在你腿边爬跨，或者在角落里对着一个填充玩具爬跨。有的狗——至

---

* 动物行为学中指动物拱起背摩擦生殖器的行为。

少根据无数网上论坛上对这个话题的讨论——爬跨也许是一种表示放松的活动，也就是说，是逐渐放松下来的过程中的一个动作。但是，爬跨动作也可见于"野外"观察到的家狗狂野、张扬的性行为中。

在新泽西对自由放养的"野狗"抚育行为进行的经典研究发现，发情期的雌性会导致暴力增加，并促使附近聚集的雄性形成一种等级排位。重要的是，熟悉度似乎是预示交配成功的重要指标，新来的狗比熟悉的狗更快遭到驱逐。这类研究表明狗的生活根本就不懒散，相反，每个个体都始终处于社会等级体系中，与经常遇到的个体保持关系。不合群的个体难以适应这一体系。

你也许会说这一切非常有趣，但是……背后爬跨呢？

流行的言论（以及宠物论坛上的说法）认为狗爬跨的行为与等级有关，但是，坦白说，我找不到这个说法源于哪里。是事实太清楚，以至于不必核实？若是如此，研究狗的学者真应该和研究猫的学者谈谈，因为至少猫的爬跨行为更清楚、更好理解一些。这多亏了1993年山根明弘（Akihiro Yamane）对生活在日本福冈相岛的流浪猫种群的经典研究。山根的目的是确定雄性对雄性的爬跨行为是否与以下因素相关：无知、玩耍、等级、同种抑制（阻碍其他雄性的行动），或因未能与雌性交配而沮丧失意。

在他研究的种群中有74只达到性成熟的猫，每只都有名字，因此可以监控每一只公猫和母猫的性行为。它们会有多少次爬跨行为？为什么会出现这种爬跨现象？结果得出的不只是几个暗示。最重要的是，山根观察了这些流浪的猫科动物1420个小时，在繁殖季节之外，从未看到公猫表现出同性间的爬跨行为。因此，猫爬跨与玩耍无关，而是与性有关。

　　但是，还不止于此。他推论雄性之间的爬跨也不可能与等级有关，因为等级对猫来说一年到头都存在，但是，同性爬跨并不是整年都能观察到的。

　　另一个令人好奇的发现是他观察到的 26 例（是的，并不多）雄性间爬跨行为都发生在附近有雌性发情的情况下。这似乎很重要。母猫显然是事件中的一部分，她们引起公猫之间相互爬跨（不止一次——我热爱这种观察——等级地位高的公猫跟着一只母猫追逐几小时后睡着了，醒来发现母猫逃跑了，于是转而决定就近爬跨一只公猫了事）。

　　山根的工作假说（working hypothesis）认为，与雌性交配不成而引起的沮丧是促成雄性之间爬跨行为的因素。据我所知，目前人们依然普遍认可这至少是一些公猫发生同性性行为的动因。

　　由此，我们再来说那些爬跨的狗。我很吃惊地发现，关于家养狗的爬跨行为所起的作用以及这种行为的频率，都缺乏相关资料。有相关的科学研究吗？如果有，那就是我没找到。也许是太难分析狗的行为背后诸多适应性特征？毕竟，许多研究狗的学者依然在争论家养的"野"狗是否有能力在稳定的群体中生活，或者驯化过程在某种程度上是否使它们无法一起生活（使它们"不合群"）。你或许可以说，也许拱背只是家庭破碎的标志，就像维多利亚时代的人们看到圈养的动物手淫时所相信的那样？

　　作为犬类性行为研究的一部分，也为了给自己一点启发，我生平第一次去看了一次犬类表演。在英国，人们把这类盛会叫作"趣狗秀"，目的是摆脱人们通常认为的养狗圈的繁华与沉闷。在某种程度上，确实很有趣。我从来没有见过那样一群毛发梳理整齐的乌合之众：哈巴狗、博美犬、贵宾犬、杜宾犬。我站在那里，看着人们将奖品分发给那些养尊处优的狗，我在瞬间瞥见了演化的可能性，一大群呼呼喘着气、有着各种行为特征的毛茸茸的东西，被人类养狗者出于好意但也许是错误的行为，塑造成一团华而不实的东西。在不到 500 年的时间里，我们已经不遗余力地改造了乡村土狗的基本构造。现在我们也许几乎看不到它们的"自然"行为了。但是，我们会瞥见狗儿们愤怒地跳到沙发、网球、鞋子或对方（或者猪）的上面发泄。这些是古代演化行为的缩影，还是在与人一同生活的过程中被精心选育出来的遗传性状？狗是否像那些放归的海獭，或者更多地像倭黑猩猩那样，用性来换取社会需求？没人有确切的答案。年轻的科学家们请注意：在人类对知识的求索中，你们能做出的永恒贡献，可能就在这里程碑式的、神秘的爬跨行为背后。我被这块石头绊倒了，无法在上面刻上自己的名字，但我知道你们一定比我运气好。

第十章　演化彩虹中的粉色

让我觉得最不舒服的就是它们的腿。我习惯于看到膝盖的正常活动：下方的小腿和踝关节向后摆动，而从来不朝前摆动。如果你是哺乳动物，你的脚就不能往上弯到膝盖上面，至少，我认为你做不到。这好比一条神圣的律法，我们的膝盖就不能那样弯曲。但是，火烈鸟嘲笑那条法则。它们和偶尔与之共栖的野禽都蔑视这条法则。当我仔细观察它们的时候，我所能想到的就是这些。我觉得很难受，真的。我面前站着150只这样的东西，我能想的就是它们该死的膝盖——或者说它们的踝关节（用这个词来描述或许更好）。疙疙瘩瘩，稍微呈球状，像软软的竹节，还有细长的腿骨，看起来仿佛我朝那边使劲打个喷嚏，它们就会折断。我把双筒望远镜对准它们，看它们在宽阔的围场里踱步时抬起腿，然后"扑通"一声把脚踩进水中。

火烈鸟炫丽浮夸，这一点毫无疑问。在我的视线中，有些火烈鸟一动不动地站着，头垂在前方，像万向灯一样。它们时不时地暂停一下，就是一张时尚杂志的封面图。还有一些来回走动——相互啼叫、尖叫，没有明显意图地咯咯叫。有几只在我右手边目前还空着的窝巢周围走动。那是座人工岛，上面布满了专门弄出来的巢窠，住在这里的火烈鸟

　　　　　　　　　　　　　　地球上的性——动物繁殖那些事

已经对其进行了改进，以便为来年的繁殖做准备。一只高大的火烈鸟，像一个爱炫耀的时尚评论家，径直朝我们躲藏的地方走过来，脑袋急迅扭到左边，牢牢地盯着我们。它在审视我们。我穿着没有烫过的衬衫和俏皮的棒球鞋，一头乱发。我讨厌它这样看我。它戏剧化地转身，从我们面前走开，走了几米，然后身体往前倾，头扎进水中，嘴里塞满从水里捞来的有营养的战利品。过了一会儿，它快步走开，好似超模那样优雅——如果把它的膝盖换成脚踝。

我的向导是一位火烈鸟专家。他说："我们把它们叫作 bomb-proof。*火烈鸟很可靠，它们繁殖得很好，所以我们的围场里有各个年龄段的火烈鸟，过去 20 年来每年都有新生的鸟。"我右边有个声音静静地说："卡洛斯和费尔南多就在这里某个地方。"卡洛斯和费尔南多，一对世界著名的同性恋火烈鸟。这次的调查是史无前例的朝圣之旅。

当时正值 8 月，我在位于格莱斯特郡窃窕桥（Slimbridge）的世界野禽与湿地基金会（Wildfowl and Wetlands Trust，WWT）总部。这是一家野生动物公园，也是保护区域的跳板结构——这个地方汇集了珍稀的异域鸟类，还包括一片世界上重要的湿地，野禽在这里繁殖、越冬。这是一种二合一的自然保护站。

火烈鸟专家丽贝卡·李（Rebecca Lee）盛情邀请我去进一步谈谈卡洛斯和费尔南多，这两只鸟无疑依然是保护区最著名的一对。作为一个有高深学问的人（丽贝卡是国际火烈鸟专家组的主席），丽贝卡·李和蔼可亲，招人喜爱，平易近人。和我们在一起的还有马克·辛普森

---

* bomb-proof，直译为防弹工事，指火烈鸟十分可靠。

（Mark Simpson），世界野禽与湿地基金会的通讯奇才。马克高大、英俊、举止文雅，但是就像一股清流，他完全不谈城市男孩的那一套，而是充满激情地讲述啸鸭和著名的火烈鸟。他在这里如鱼得水。我们形成了奇怪的三人组合，站在巨大的木制掩体里，而成千上万的小孩子和他们的家人围着我们打转。

我眺望外面数量更多的火烈鸟群，试着在近百只中找到疑似同性恋的那些鸟。很困难。2007年，当有消息宣布卡洛斯和费尔南多以同性恋配偶的身份成功地哺育了一只雏鸟时，它们成了国际新闻。众多的报纸争相报道，国家电视台与国际电视台，包括美国有线电视新闻网络（CNN）亦是如此——丽贝卡描述这次经历"很糟糕"——后续又出现了大量有关动物同性恋的文章与评论。甚至当我写到这里的时候，卡洛斯和费尔南多正好出现在流行的脸书（Facebook）页面"我TM的就爱科学"上，瞬间引来77,000个用户点赞。尽管在所有媒体的报道与图片中它们都是不折不扣的名流夫妻，但是它们看起来和你曾经见过的任何火烈鸟完全一样。现在它们闯入公众视线已经有6年，我急于听听它们现在怎样了。

我非常感谢马克和丽贝卡花时间带我参观。我们聊了聊火烈鸟的繁殖以及由此引发的细节问题，然后才开始谈卡洛斯和费尔南多，以及6年前这里到底发生了什么。我首先了解到的是火烈鸟的生活很艰辛。在来这里之前，我以为它们是群居的、快乐的、社会性的鸟类，但是结果完全不是这么回事。火烈鸟在生活中要努力应对来自邻居的钳制。它们对位置斤斤计较，具体来说，是对领地范围内巢穴的位置非常在意。要靠近中间，你得有坚硬的喙：只有那些最暴力、体形最大、意志最坚定的火烈鸟才能应对这一切压力。大多数只争取到边缘附近的位置，结果就要面临掠食者带来的死亡威胁。**边缘**通常不是火烈鸟喜欢或愿意待的地方。

似乎没有几只火烈鸟对生活场所或它们在领地内的位置满意，所以可以理解它们的坏脾气。它们打斗，尖叫，在繁殖季节不断相互挑衅，极力想获得并保住最好的地点，或者至少是能让它们筑一个杯状泥窠的合适的地点。它们每年在窝里产一个蛋，一年才抚育一个后代。尽管也许不是故意的，但蛋常会被打碎，或在火烈鸟来来回回从领地走到巢穴的过程中滚出巢穴。它们是喧闹的受害者。情况在窈窕桥一带过于严峻，因此丽贝卡和她的团队通常会进行所谓的"卵调控"——这项技术能确保领地里的后代存活量达到最大。"如果我们发现一对占主导地位、很强势的鸟生了一个不能孵化的蛋，我们会从一对已经分开的鸟那里把可孵化的蛋拿过来换掉，"她简要地说道，"我们把好蛋换给最好的父母。"就这样，像在窈窕桥一样，那些收集火烈鸟蛋的人可以增加幼鸟的存活率，并从整体上提高火烈鸟领地内的繁殖成功率。

2006 年，卡洛斯和费尔南多就是这样一对强势、在领地中央占据着重要地带的火烈鸟。它们筑巢技艺高超，勇敢无畏地守护巢穴。那一年，它们当了一个蛋的"代理父母"，此举换来了一只健康、快乐的小火烈鸟。它们的成功被记录下来，然而，当时没人注意到它们都是雄鸟。直到 2007 年，当它们再次被选为养父母时，它们的"历史"被翻出来，接着，媒体开始大肆报道。

尽管马克当时不在世界野禽与湿地基金会，但他谈到前人这一次把简单的同性配对变成爆炸性新闻的公关杰作，也不无敬畏。"那是一件超大的事件，"他回忆道，"太大了。"他轻声笑了笑。"我们时不时地有大新闻，基本上都是关于繁育的，但是这次真的是大新闻——全球性的新闻。"这次他笑得更开怀了，"我仍然觉得很神奇，只要在搜索引擎里输入卡洛斯和费尔南多，就会出现一堆又一堆关于这两只同性恋火烈鸟的报道。"对做公关的人来说，没有什么比前任公关推出的大新闻依然在各大媒体和博客上重播更令人恼人的了（相信我，我懂的）。但是，马克似乎毫不介怀，他真心为这次新闻发布的成功而高兴。而这条新闻实际上非常简单："同性配偶代理抚育幼雏。"

动物园发布的这类媒体消息，实际上比你想象的更为常见。2004年，纽约中央公园动物园向全球播报，两只同性的纹颊企鹅罗伊和塞罗成功地当上了养父母。日本和德国的动物园也报道过类似的配对行为（虽然没有抚育后代）。事实上，来自东京的研究人员在报告中指出，最近一次对日本16家动物园和水族馆的调查发现了20起同性配对案例。这种行为如此普遍，甚至影响到对濒危物种的圈养行动。在德国布莱梅动物园，圈养洪堡企鹅的行动受阻，就是因为所有的雄性拒绝与引进的雌性配对完成物种繁殖这一重要使命。德国男同性恋权利团体抗议动物园将同性配偶分开的行为。（对此动物园悲伤地回应："这里没人想强行分开同性恋配偶。"）

另一对著名的同性配偶巴迪和佩德罗是多伦多动物园的两只雄性非洲企鹅。也有圈养的秃鹰展现出同性性行为，最著名的就是耶路撒冷圣经动物园的达时克（Dashik）和野胡达（Yehuda）。1998年它们一起筑了一个巢并开始"公开而精力十足地交配"。和卡洛斯与费尔南多的情形一样，饲养员给了它们一个假蛋，让他们孵蛋，45天后，再把蛋换成一个刚孵化出来的秃鹰宝宝。随后，达时克和野胡达成功地把它带大了。

媒体给这些同性配偶取的名字让我觉得有点意思。巴迪*？佩德罗？卡洛斯？我问公关专家马克："动物园发现同性恋动物时，谁有命名权？"我不太了解伟大的火烈鸟，但是，我隐约意识到它们并不分布在南美洲，而"卡洛斯"和"费尔南多"这样的名字带有一定的南美洲的意味。马克微笑起来："对，我的前任是一位记者。"他大笑着说："当时的情况也许是这样的——没错，用时髦、香艳的名字给一对同性火烈鸟命名会很合适。"

我们再次眺望火烈鸟群，依然没见到卡洛斯或费尔南多的身影。又过了一会儿，这个掩体里忽然没有小孩了，我们说话的声音也稍大了一些，与我们面前满窗的火烈鸟发出的叽叽嘎嘎、哼哼叽叽相对抗。任意挑一只火烈鸟，观察它如何与其他个体互动是件有趣的事情。我锁定了一只体形尤其小，和一只小白鹭大小差不多的火烈鸟，观察它在成年鸟的长腿之间漫步。它看起来就像在一片红树林的树根中航行。它尽可能避开声音嘹亮和神采飞扬的个体，在火烈鸟群中开出一条弯弯曲曲的通道。它是一只雌性？雄性？同性恋？异性恋？我对丽贝卡和马克坦言，我很苦恼究竟用哪个术语才能正确地对费尔南多和卡洛斯做出最好的描述。至少在我看来，学术界似乎很难用人话来定义这种行为——来参观之前，我已经看到过媒体和学术文献中采用的一连串描述。用诸如"男同性恋"这样的人类词语来描述动物能让

---

* 原文 Buddy 的意思是兄弟、密友，音译为巴迪。

人接受吗？毕竟，难道我们不都是动物吗？那么，动物的同性恋活动到底是怎么样的？雄性火烈鸟很少进行生殖器接触（不过，雌性显然偶尔有生殖器接触），所以，能否说费尔南多和卡洛斯只是在玩过家家？如果动物参与同性性行为更多是出于社交目的（比如在群内获得联盟）而不是为了性，还能称之为同性恋吗？说实话，我不敢说在这样的问题上人们已经达成了共识。但是，在本章中我将坚持使用"同性恋"来描述任何同性之间的行为——涉及求偶、交配、抚育后代或仅只是同性成员之间的爱抚行为，尤其是碰触的物体是阴茎、阴道或生殖解剖结构的其他部分。而你们，读者们，随你们如何称呼这种行为。

学术界缺乏普遍的共识，我猜想这多少告诉你：动物的同性恋研究还处于褫褓期。不过，情况正在改变。在动物学界，对动物"性事"的研究尽管进程缓慢，偶尔还绊个可笑的跟头，但终究有了学术空间。学术界一度认为动物同性性行为是圈养种群中某些个体表现出的应激特征（手淫也曾被认为是这种情况），而在新千年学术界对同性恋行为的兴趣遽然高涨，主要是因为大量论文与几本学术书籍深度揭示了动物界中这种行为的普遍性。

在本书中我们已经提到过倭黑猩猩，也提到了雌性倭黑猩猩喜欢相互摩擦生殖器。我们谈到狗为什么拱背，也看了阴茎爆出的野鸭和阿德利企鹅，这两种动物都以同性交合著称。但是，在动物界中，看得再广泛一点，还有更多更多的案例。尽管关于动物完全避开异性交配繁殖的记载非常罕见（公羊也许是最著名的例子），人们观察到的动物参与同性性行为的现象却非常普遍，简直不可思议。布鲁斯·巴格米尔（Bruce Bagemihl）*1999年的著作《生机勃发：动物同性恋与自然多样性》是对这类事情感兴趣的人的便携读本。他在书中列出了鬣狗、狮子、鞭尾蜥蜴、蜻蜓、果蝇、臭虫、逆戟鲸、狨猴、棕熊、鼠、猫、考拉、浣熊、仓鸮、帝企鹅、野鸭、乌鸦、海鸥、棘鱼、河鳟、嘉鱼、白鲑鱼、翻车鱼、独须叶鱼、山羊、三文鱼、花纹蛇、壁虎、石龙子、响尾蛇、沙漠蟾蜍、斑点钝口螈、斑螯、花金龟、绿头苍蝇、家蝇、舞虻、菜粉蝶、章鱼、血吸虫、鸡（还有鸡虱）、半翅目水虫……好了，你已经有概念了。

　　尽管有关这种行为的记述跨越了生命树的深度和广度，但是在哺乳动物，尤其在我们人类所属的灵长类中，同性恋行为尤为普遍。快速浏览一下萨默（Sommer）和瓦齐（Vasey）的大部头学术著作《动物中的同性恋行为》，就能大开眼界。充斥页面的图片让人惊心动魄。一头美洲野牛将肌肉发达的臀部猛烈地撞向另一头野牛的屁股瓣儿（它们像欧洲臭鼬一样，同性之间进行插入式肛交）；8只梅花鹿，有雌有雄，彼此嬉戏、冲撞，在围场角落挤成一堆；雄性赤鹿被拍到激战正酣的场景；中国中央电视台的影像展示出了雄性野猫完全野性的一面。很多动物图片加了箭头和圆圈。就像《欧美猛男》（Heat）杂志里的图片一样，箭头指出了发情的雌性，以及背景里成双成对、完全无视她们的雄性。还有些照片中的大猩猩正在上演同性求交往的场景，接近成年的雄性相互凝视，满怀爱意且"投射出交配欲望"。在最后的章节中，我们的朋友倭黑猩猩出现了。看到一只雄性与另一只以传教士体位交配的时候，我瞬间热血沸腾。它们是如此干脆而无所顾忌。实际上，这本书

---

* 加拿大生物学家、语言学家。

的封面之所以精彩，就在于简洁：画面上一只雌性日本猕猴温柔地骑坐在另一只雌性的臀部上，它们的眼神里交织着爱欲，还有我们人类尚未弄清的某种东西。

还有海豚的照片。未成年的宽吻海豚扭动身体，搅起巨大的白色浪花，其中一只展示出像气球狗的尾巴一样的阴茎（标题称："无法辨认主人是谁"）。另一张图片上一只未成年的雌性用吻部去顶另一只雌性的屁股（显然，这叫作"温柔的刺戳"）。宽吻海豚口味多样：目前已知雄性会企图与海龟、鳗鱼、鲨鱼交配，可以预见到，还有潜水员。据这本书说，宽吻海豚是同性恋也是异性恋。作者写道："很少有其他物种同性交配行为与异性交配行为发生的频率一样。"除了彼此温柔地刺戳之外，它们的交合动作还包括"推起"：一只海豚将另一只的生殖区域推起（通常浮出水面）。还有"社交－性爱抚"，即海豚用伸长的鳍状肢抽打彼此的生殖口（有时候也会插进去）。套用英国同性恋权利慈善组织"石墙"的口号："有些动物是同性恋。克服心理障碍。"

但是，为什么？为什么如此多的动物表现出这种同性性行为？毕竟，动物同性性行为在更深的层面上是非达尔文的。雄性结合在一起，为另一只雌性抚育幼雏？雌性放弃后代而寻求摩擦生殖器的快感？戳屁股？此类事件与达尔文理论格格不入，毕竟达尔文理论的核心是繁殖。为什么大自然会选择一种不会留下后代的活动？已经被说得太多的"同性恋基因！"如何在一个不经过精子和卵子混合的种群中传播？

现在我们只是说说，而越来越多的科学家正面临挑战。尽管辩论升级，但这无疑是一个能出成果的科学领域，在这个领域中，多种理论竞争或共同发挥作用。就倭黑猩猩（也许还有背后爬跨的狗）的情况而言，一种理论认为同性恋行为可以带来别的优势，比如提高社会地位或巩固联盟，这类活动进而会增加"成功"繁殖的机会（这类行为被视为"社会-性行为"）。例如，在稀树草原上的倭黑猩猩中，雄性相互炫耀生殖器，使其处于被抓伤或咬掉的风险，但个体之间会建立最稳固的联盟。由此，它们最终成为"适应者"。但是，关于这样的行为还有别的理论。同性性行为如果能给亲属带来繁殖优势，也许就可以在种群中延续？换句话说，也许同性恋的兄弟姐妹能给家里帮忙？从理论上来说，这样的行为也许能帮助侄女、侄子身上携带的共同的基因增殖，哪怕它们自身并没有直系后代。

我知道你会问，我们人呢？我不知道。就目前为止，我能做的就是复述这个事实：同性恋在我们灵长类中非常普遍，仅此而已。事实自己会说话。

这类假说认为非人类的同性恋活动带来达尔文理论意义上的益处，对此我禁不住想，就一些动物来说，是否只是这让它们觉得……舒服？不过毫无疑问，有些物种中的同性恋个体只是迫于环境而做出最佳选择。一种海鸟——刀嘴海雀，也许就是这样。人们观察到雌性刀嘴海雀只是在雄性稀缺的时候相互配对。尽管不像雌雄配对那样成功（产生后代），但总比什么都不做要强。如果动物可以有时是同性恋，有时是异性恋，同性恋就算真的有基因成分，在演化上也不是太大的问题了——同性恋会使这类基因延续下去。

我猜想，事实上我们刚刚开始这项研究。我们现在才刚意识到达尔文学说这块拼图上的某些小片也许能拼到一起。现在的问题是试图弄清**如何**将它们拼在一起，这个过程要花一些时间，而且需要花更多时间做田野调查，去等待欧洲野牛从后面爬到它的同类身上或宽吻海豚再次做出爱抚动作这一个个转瞬即逝的瞬间。我们才刚出发。科学家曾经害怕研究这种行为会影响自己的职业生涯，现在，在我看来，研究动物同性恋领域的时机已成熟——尤其是这样的研究也许会告诉我们更多有关我们灵长类的过去（以及现状）的情况。

随后，坐在世界野禽与湿地基金会的办公室里喝咖啡时，我问丽贝卡和马克，为什么他们认为火烈鸟会成为头条新闻。马克直率地说："我们人类痴迷于性。""还有火烈鸟。"丽贝卡补充了一句，然后给出了一些事实："70％的火烈鸟都在各地的动物园里，它们是最受欢迎的鸟类之一，公众喜爱它们。""因为它们是粉色的吗？"我插了一句，又继续问道："在关于同性恋动物的报道中，它们被推到了风口浪尖？""是的，是有一点。"

我思考了一小会儿。那一刻，我在想火烈鸟是否一种反射镜，就像一位身材瘦长的、粉色的社会评论家一样，透过它，我们看到自己。丽贝卡答道："也许吧。"马克告诉了我公众最近津津乐道的另一则关于鸟类抚育习惯的报道。每年到访这片保护区的小天鹅显然以一夫一妻制闻名，每对配偶年复一年保持不变。接着，去年，这对配偶里面的两个都回来了，双方都带着新的伴侣。这种情况是第一次，以前从未有过这样的记载。"我们在新闻报道中把这叫作'天鹅离婚'，"马克微笑着说，"大家喜欢人格化，他们想在动物的生活中看到一点我们的影子。这吸引了人们。"我大笑起来。

我们喝完咖啡，丽贝卡为我总结了一下卡洛斯和费尔南多引起媒体关注的现象，她看着窗外的人群说："我真的觉得很奇怪，鸟类有同性关系居然让人们如此吃惊。"她模仿那种傻里傻气的声音，叫嚷道："同性恋？什么！真的？**是的，是真的！**"她换了一种语气，马上变得更加专业，听起来几乎有点不耐烦："它们都这样。这种情况在外面有一大堆。""在科学界或动物学界看来，火烈鸟做各种可笑的事情；某一年也许是两只雌性、两雄一雌、三鸟组合、四鸟组合，诸如此类。不管哪种方式，**它们都安之若素**。"

如果有朝一日科学和文化能对某个观点达成共识，那应该就是这样的说法。没有争议，没有吃惊，没有头版头条——没什么大不了，只不过是一个丰富的研究领域，就像其他研究一样。一种学术平等和文化平等。大家都安之若素。

让我高兴的是，在我到访期间没人能告诉我，在那些瘦长的粉色鸟儿中，哪两只是同性恋超级巨星卡洛斯和费尔南多。我爱它们彼此看起来全都一样活泼奔放：它们的名流身份，掩藏在踱步和紧张地拍翅的动作，以及无休止的鸣叫声中。我爱它们粉色羽毛底下与其他事物一样有趣的本质。

我们将看到，将来某个时候我们会给同性恋火烈鸟取史蒂芬或罗伯特这样的名字。也许衡量未来社会的标准，应当是这个社会如何称呼动物园里的同性恋动物？或许将来它们不再需要名字？虽然为时尚早，但是，变革正在酝酿中。

《动物中的同性恋行为》（记载了海豚爱抚行为的那本书）结尾引用一句相当可爱的话，这句话出自两千年前斯多葛学派的哲学家塞尼卡："自然不授予美德；它是向善的艺术。"这些动物教给我们很多有关人类的经验，令人惭愧的是直到现在我们才终于开始聆听。

第十一章　活尸上的螨虫

许多年前，我曾经在一个会议上发言，声明两栖动物的重要性以及它们在我们花园里的重要价值。最后我骄傲地宣布："**最重要的是，青蛙吃蛞蝓！**"后排一位年纪较大的绅士举起手，"抱歉，年轻人，"他嚷道："**我斗胆问一下，你为什么跟蛞蝓过不去？**"

蛞蝓常遭受那样的命运，被人遗忘、忽视，太多时候被当作地球上的二等公民。很难想象我们与一种生存方式如此特异的生物拥有一个共同的祖先（不论多么遥远）。忘了腿吧，它们似乎在说，为什么不在淤泥上冲浪？忘了牙齿吧，为什么不考虑碾磨呢？但是它们的性生活，才是让我们觉得最怪异的。

蛞蝓没有骨头，它们的性行为看起来不像机械运动，而更像无定形的黏稠物以新颖而奇特的方式交织在一起，像熔岩灯泡里的液体。豹纹蛞蝓（在大多数花园里很容易找到）是经典的例子，如果可以，我想讲讲这种生物。蜘蛛把它们的化学"引诱剂"留在蛛网上，而这些蛞蝓则选择使用它们的黏液留下的路线。如果其他个体闻到这气味，好戏就开始了。

在寂静的夜晚，速度最慢的低速追逐赛在花园里展开了，直到最终一只蛞蝓从后面滑到另一只的身上，静静地咬前头那只的后背。它们交配时喜欢找悬挂着的东西，通常是一根枝条或者像我后院里那个挂着的篮子。像耍杂技一般，它们开始在对方身上滑上滑下，扭动、盘旋。突然那对蛞蝓从树枝（或它们选择的其他悬挂物）上滑下来，挂在像蹦极绳一样的黏液丝上，依旧扭动、缠绕在一起。它们在那儿挂了一会儿，但是，好戏才刚刚开场。接着，每只蛞蝓的头上都伸出一个大大的雄性器官，看起来很像小孩子突然打了个喷嚏时鼻子上挂的鼻涕。接着它们的外阴鼓了起来，慢慢地越来越长，直到达到蛞蝓自身的体长。接着这些附属器官也开始相互缠绕（坦白说，为什么不呢？），形成一种黏糊糊的螺旋线，在它们裹搅在一起的身体上摇摆。

最终，这些器官的尖端相遇，紧紧扣在一起，每个器官都展开来，形成一种螺旋状的花一般的形状。两只豹纹蛞蝓转着圈挂在那里，身体荡来荡去，附属器官相互缠绕，在头上摇摆。这时两者间会交换精液，双方都会受精。因为它们（就像大多数蛞蝓和蜗牛一样）是雌雄同体的，生来就有射精和接受精子的器官，交配后双方都会产卵。它们又在那里吊了一会儿，像某种性爱主题的皮纳塔（Piñata）*。接着它们把身上那个小器官收进去，松开对方，然后落到地上，分道扬镳。与此同时，我们在楼上熟睡，毫不知情。

我们夫妻俩没有太大的室外空间，没有大花园，只有一个院子，院子里有一个池塘和一些喂鸟的鸟屋。万物复苏的春季变成了又闷又热的夏季，我们开始在安静的夜晚小酌几杯。我们坐在角落里不舒服的白色

---

* 西班牙语，指一种纸糊的容器，里面装满玩具和糖果，于节庆或宴会时悬挂起来，让人用棍棒打击，打破后玩具和糖果会掉落。

长凳上，在星空下谈论工作、性研究、我们的家庭、星星——就是一些很普通的话题。只是在很多情况下，有别的东西会吸引我们的注意力。到 9 月，我们就很难在户外安静地喝点东西了，因为会传来喧闹的声音，那是软体动物的齿舌在咀嚼撒在地上的鸟食（下次附近有蛞蝓的时候，仔细听，你就能听到它吃东西时磨"舌"的声音）。

无论如何，耐心点，我跟你说这事是有理由的。我一听到这种声音，通常会用小电筒扫一下，看看发生了什么事情。咔嚓。咔嚓。咔嚓。有时可能是很小的一只，有时可能是超大的一只，在吃剩的草莓或早就干枯的开心果壳上磨来磨去。咔嚓。但是，昨天晚上我听到了别的声音。那是咔嚓，咔嚓……咔嚓，咔嚓。有一对儿在磨舌。我想，这不同寻常。我用手电照亮我座位下面的地方，它就在那里。或者说它们就在那里。两只蛞蝓面对面，从前端喷出黏液，似乎准备交配——我希望是如此。我拿出摄像机（好啦，难道你不会吗？），调好焦距，瞄准那团黏糊糊的物体。取景器上的情景就好似香肠从香肠制造机上挤出来的慢动作。令人遗憾的是，很悲哀，完全不是性活动。不，它们没交配，它们在忙别的事情；它们在吃另一只蛞蝓，正吃到一半，我起初没有注意到这只蛞蝓。两只蛞蝓捶压、口吐白沫、大嚼特嚼那个死去的、一团糨糊似的同类。仔细观察，我可以看到第三只蛞蝓的面部，它死了很久了，但是依然潮湿，仿佛正从另两只蛞蝓的嘴中爬出来。

后来，我拿着红酒回到屋里，在电视机上看我拍下的视频。怎么看都觉得恶心。这段视频能让人悚然而立，有点像《夺宝奇兵》里那些垂死的纳粹。但是稍等！等一下……怎么回事？那是什么？我把视频倒回去，播放。就在那里！在屏幕上，我看到了不可思议的奇观。那两只吃同类的蛞蝓的头部占据了整个屏幕，它们的"猎物"夹在中间。当它们有节奏地蹭咬、吞食它们黏软的晚餐时，黏液从它们身上位于屏幕外的某个部位汩汩流出。我能听到其中一只蛞蝓发出的擦刮声。它们的触角松开了，试探性地相互碰触……**那儿！**在摄像机的强光下，拉近焦距，我看到了让我惊得屏住呼吸的东西，这比做一整年性调查发现的其他奇特东西还要让我惊异。我看到了一只动物。它从一只蛞蝓身体上的一个洞里出来，像一台小小的白色发条小汽车，沿着一条看不见的线路，在蛞蝓的背上跑了一小圈。接着，它原路返回蛞蝓的体内，退回原来那个洞（呼吸孔，也就是身体侧面的大洞）。

我看完剩下的视频，但是再没看到这个小机器似的生物现身。我把录像带一直倒到最开始，重新播放了一次，确认那不是我想象出来的。没错，它确实在那里。一只住在蛞蝓身体里的小螨虫。

我带着高亮的手电筒回到屋外，发现刚才那两只蛞蝓还在享受尸体大餐。我再一次用电筒正对着它们照射，然后等着。我再次看到了那只螨虫，这次是实时观看。我还看到另一些螨虫在蛞蝓的背上乱跑，不是一只两只，也不是三只，而是 10 只，12 只，15 只。这些令人吃惊的小动物像白点一样在蛞蝓身体上狂躁地奔跑，从呼吸孔里钻进钻出，在体侧和背部跑上跑下。它们甚至偶尔穿过蛞蝓的触角，像海盗一路摸进船员们的主巢。我还看到这些小白点跳船——把死掉的蛞蝓当跳板，从一只活的蛞蝓身上跑到另一只蛞蝓身上。这也许是最令人吃惊的。太不可思议了，真的。

当一名博物学家是一件奇妙的事情。除了能看到一切不可理喻的奇观，有些时候当你目睹某件事情时，你会以为你可能是世界上唯一注意

地球上的性——动物繁殖那些事

到这件事的人。白化的蝌蚪，狗给自己口交，苍鹭呕吐，这些事情听起来很罕见，但是，当我知道每一个个体都会这样的时候，我仿佛受到了重大打击。根本不稀奇。但是，花园里那些在蛞蝓身上跑出跑进的白色的小"发条车"呢？它们是什么？我会不会发现了一种新的生命？

你知道，白色的螨虫，并不是完全没有可能的。

螨虫的种类极其多样，在分类学上属于庞大的蛛形纲动物这一类。它们是微环境的专家，比一般水平的专家还要专业。螨虫只生活在海豹的鼻子里、鸡的腿上、箭猪的耳朵里、海胆的中央或蝙蝠的屁股上。有一种花螨甚至会通过蜂鸟的鼻孔从一片花瓣跑到另一片花瓣上。如果你想用心爱之人的名字命名一个新物种，拿一台显微镜，就近抓一只动物，用显微镜深入观察动物身上的任何一个孔。如果你可以阅尽文献，让专家们相信它是新种，那么祝贺你，你找到了你自己的那个螨虫。

在某种意义上，螨虫映射出了哺乳动物的多样性——有能爬的、能咬的、食草的、适合全地形奔跑的、游水的、吸血的、滑行的、胀鼓的，甚至还有一些看起来有点像孔雀的。最大的印度蜱约有一颗成熟的葡萄大，最小的只有一个句号的一小部分那么大。

但是，我最喜欢的是它们奇妙无比的性生活。目前已有记录的约有45,000种，我们了解到的每个种，几乎都有令人惊叹的性生活。螨虫中最普遍的行为也许是配偶防卫。雄性经常守护未成熟的雌性，等到雌性蜕变为成体，雄性就与其交配。一些雄性具有微小的吸盘，他们用吸盘带着雌性，保证她们的安全，直到她们达到性成熟。如果周围雌性太少，一些种类的雄性螨虫会共享一小群雌性。妻妾群很常见。如果你惊动一只淡水蚌，很可能也会惊扰它体内的水螨虫后宫。

蟎虫世界中雄性具有很多不同的类型：有好斗的，有跳舞的，有炫耀的。古尔德（Stephen Jay Gould）在《熊猫的拇指》中讲述了一种蟎虫的故事，这种蟎虫产下一串卵，最先孵出来的一只是雄性，剩下的是他的妹妹们——全是雌性。当雌性孵化的时候，他四处跑着给他的每一个妹妹授精，然后迅速死去。对了，还有一点，这一切都发生在母体内，受孕的小女儿们随后由内到外吞食母亲的身体。事实上，雄性还没出生就完成交配并死掉了。

甚至蟎虫的卵，还有某些种类的蟎虫用以让卵受精的精囊，其多样性也超乎想象。每个精囊都具有独特的适应性结构，以更好地进入雌性体内未受精卵所在之处。精囊有杆状的、带有水滴外壳的、酒瓶状的、滴状的。它们甚至热衷于各种不同的性交体位——有些面对面交配，有些背对背，有些排成纵行，有些像夜晚的小偷。如果我们在另一个星球上发现生命，我猜想应该就像这个样子。

当然，亲爱的读者，那些蟎虫很可能现在就在你的身体上。正在交配。在你的脸上，就是现在。你的脸，对于它们来说，仅只是它们永不停歇的性喜剧的演出场地。对于它们来说，你的脸很美丽。甚至是在早晨（我们都知道，尤其是早上）。这些脸蟎的身体好像长长的香肠，当它们没有寻求交配的时候，它们喜欢待在你的毛孔里。它们被称为蠕形蟎（demodex）*。并不是所有人都有蠕形蟎，但是，当你还是新生儿时，你的妈妈或爸爸给了你第一个吻，这就是一个潜在的陆桥。你经历的每一次性接触，也会发生同样的事情。

---

* 又称毛囊蟎。

别担心，不单是我们，很多物种的性结合都提供了有用的陆桥，让那些先驱性的、沉迷于激情中的寄生虫通行。鲸虱就是这样的群体之一，它们是甲壳纲寄生虫（叫作软甲纲更为确切），看起来有点像长着蜘蛛蟹脚的土鳖虫。一些软甲纲动物体形非常大，有大黄蜂那么大——对于我们羸弱的身体来说当然是太大了——它们在鲸的身上攀爬，通常在胼胝和生殖器口中寻找庇护，得到的奖赏是鲸的死皮和藻类。有的鲸身上生活着多达 7500 只鲸虱，所以，它们可能非常常见，但是，它们的生存岌岌可危。一份环境保护报告中我最喜欢的一段话表明了这一点："抹香鲸虱唯一的栖息地就是抹香鲸，但尽管抹香鲸被列为濒危物种或野外灭绝风险非常高的物种，抹香鲸虱却未被世界自然保护联盟（IUCN）列为受威胁或濒危物种。"

但是，我又离题了。这条信息很完善，但是我的小蛞蝓螨呢？像许多没有受过多少训练的博物学家一样，这时候我没有去找鉴别指南，也没有去翻图书卡，而是直接求助谷歌。我输入"蛞蝓螨"，跳出 2000 多条搜索结果。第一条，当然是出自维基百科的。

鼻涕虫螨或蛞蝓螨是螨虫科的成员，寄生在蛞蝓和蜗牛身上。蛞蝓螨非常小（长度不到 0.5 毫米），白色，可观察到其在宿主身体表面迅速奔跑，尤其是在壳的边缘下面和肺孔附近。蛞蝓螨曾经被认为是良性黏液噬菌体，但是最近的研究显示，它们实际上靠宿主的血液维持生命，会钻入宿主体内吸血。

这段文字下面有一大堆信息，但是，没有图片说明。显然，这些小东西主要在蛞蝓交配的时候从一个宿主身上移动到另一个宿主身上，甚至偶尔在蛞蝓留下的黏液中穿行。蛞蝓之间也会传染；感染螨虫的蛞蝓需要更长的时间达到成熟，并且可能更不容易顺利交配和觅食。但是，让我感兴趣的是它们的性生活。维基百科对此几乎没有细节描写：

> 螨虫有两种性别，生命周期分为五个阶段：雌螨在宿主的肺部产卵，接着，卵在 8 到 12 天内孵化成 6 只脚的幼螨，在宿主的肺部经历若螨到成螨的 3 个阶段。理想状态下，在 20 天内完成整个生命周期。

我的朋友们，就这些。它们是面对面交配吗？不知道。雄螨的精囊长什么样子？不知道。雄螨守护雌螨吗？不知道。是否分泌信息素？不知道。它们在蛞蝓的哪个部位交配？不知道。

我想，不用担心，我再用谷歌搜索一下别的，诸如"蛞蝓交配"。对有后见之明的人来说，结果大概很明显：没有。在谷歌搜索的网络历史上没有人把那几个字的组合放在公开发表的网页上。也许这让人感觉站在人类知识的前沿。我很兴奋——我是先驱者！我不能从网络上找到答案，网络对我没用！想象一下！

我啪地合上手提电脑，拿起手机登录了推特。该找一位专家了。"有人认识螨虫专家吗？"沉寂。没人回复。后来我又试了一下。没人回复。我和专家们以及他们的协会和学会谈，我和昆虫学家谈，我和节肢动物学家谈，和研究机构谈。可恶。差一点我就可以和英国自然博物馆的世界螨虫专家见面了，但是，她似乎有比为我揭开蛞蝓螨虫交配真相的**惊天**使命更重要的事情。几天后有人通过电子邮件给我发了一条邀请："如果你想聊聊，我对我的甲螨了解得还不错。"另一个人说："我非常了解土壤螨类。"

我有礼貌地谢绝了这些邀请。我知道在我们聊的时候，我只会坐在那里想着我那些珍贵的蛞蝓螨在蛞蝓的呼吸孔里进进出出，想着它们神秘的性生活，而不是思考土壤螨类或花螨。感谢上帝，大英图书馆尚存，我热切地吸收了所能找到的全部信息，而以下为你写的，则是吸收后整理出来的内容。

蛞蝓螨虫于1710年首次被观察到，1776年被命名（也就是儒艮、白鲸、猫鼬、麝雉、蜜獾被命名的同一年，如果你要问的话）。不过，又花了200年才有人对它们做出更恰当的描述；绝无仅有的一篇文章，出现在1946年的《伦敦动物学学会会刊》（*Proceedings of the Zoological Society of London*）上，那篇文章是弗兰克·特客（Frank A. Turk）和史黛拉-玛丽丝·菲利普斯（Stella-Maris Phillips）写的《蛞蝓螨虫专论》（A Monograph of the Slug Mite—*Riccardella Limacum*）。我没查到多少关于菲利普斯的信息，但是，据巴西国家博物馆发布的信息，弗兰克·特客是在第二次世界大战之前患病很长时间后开始对螨虫感兴趣的。这位"思想深邃的思想家"博览群书，显然还喜欢园艺、暹罗猫、音乐、艺术和诗歌。不管怎样，以下是特客和菲利普斯对蛞蝓螨虫的正式描述，一开始是写雌性：

在临界光线下用孔径为12的油浸镜头观察，皮肤光滑无比，嘴又短又宽，钳爪粗短，略呈木柱形，触须分成三节，末梢的一节上长有四根短短的羽状纤毛。体表被毛短而密，棒状，均匀覆盖身体后部 2/3 的地方。

还有：

在腹部的下半部中心是生殖器开口，由两扇快门似的阀门闭合起来。前端边缘有 5 根非常短的刺状突，不被纤毛。两对生殖器吸盘位于阀门的两侧，外面有三对略长一些的刺状纤毛。

那雄性呢？

两性之间最显著的不同点是完全成熟的雄性个体有两对额外的生殖器吸盘，比另外两对小得多，但是，在大多数成体身上都相当明显……因此似乎可以肯定，只有在最后一次蜕变完成、个体真正达到成熟的状况下，这对额外的生殖器吸盘才会出现。

第一次读到这样的材料真的让人震惊，因为到这一天为止，我一直以为自己是地球上唯一一个思考蛞蝓螨虫交配活动的人。不过，我更惊异的是资料之少。蛞蝓的性生活依然隐秘而不为人而知。我阅读了整篇文章。

无法搜集到许多有关交配模式或受精的确切事实，但是当然，这是每一个前气门亚目陆生螨虫研究者面临的难点，因为尽管有很多观察者，但是对体形相对较大、较为常见且容易观察到的绒螨科螨虫的交配方式，我们也依然一无所知。

一连串重击。我暗自咒骂了几声。远在天边，近在眼前。这些小笨蛋到底如何交配？**有人知道吗**？我想去问图书馆馆员，但是我深呼了一口气，接着读下去。找到了，不过也差不多快到结尾了，才出现一抹希望之光：

1943 年 6 月在大蛞蝓的身上观察到了这种雄螨，它看起来正在与一只雌螨交配……

我瞪大了眼睛。

本想用细刷子的尖头把它们挑到显微镜载玻片上，结果行动失败，它们分开了，因此只能通过手持镜头观察。雌螨似乎稍稍趴伏在两条前腿上，因此，身体后部比前部高一些。雄螨靠过来（头朝向雌螨的方向），朝雌螨右侧做了一个 360 度转弯，摆好姿势，这样他的腹部尖碰到了雌螨的腹部并稍微插入其下面；第四对肢碰到雌螨，并很可能与雌螨的肢交缠在一起，而第三对肢藏在身体下面，观察不到。它们似乎完全静止地待了大约 30 秒钟，接着雄性这边可以观察到轻微的运动——也许是松开的动作。

某种程度上，跟中了头彩差不多。那篇文章剩下的部分零零碎碎地讲了螨虫的解剖学结构，以及螨虫行为的趣谈（包括一些不可思议的新闻，比如它们可以通过夜行蛞蝓的偷吃行为进入面包箱，以及它们会像一群椋鸟一样组成小团体，在感染了螨虫的可怜的软体动物身上爬得到处都是）。

我搜啊，搜啊，再没发现别的。1970 年在 R. A. 贝克发表在《博物学期刊》（*Journel of Natural History*）上的一篇文章里，这些小精灵似乎是最后一次受到类似程度的关注。这篇文章里有大量关于螨虫小小的生殖器及其卵子和幼虫阶段的图表，但是很遗憾，文中只字未提蛞蝓螨虫的性生活，只提到了解剖结构。

> 雌螨的生殖道开口长而狭窄，但生殖道后部出现卵子的时候除外；雄螨则有一个椭圆形的孔，比雌螨的要宽而短。除此之外，雄螨的生殖道开口内表面更结实且硬化，而且生殖器前端有带刺的刚毛。

这就是这篇文章所说的。我站在了人类知识的边缘，询问着几乎无人解答的有关性的问题。我往远处的大海扔小石子，看到数不清的涟漪。确实很鼓舞人心。

我又看了几遍我的蛞蝓螨虫的视频。你想要了解的有关性的一切，都可以从螨虫那里学到。它们的生活方式如此多样化，它们的性行为如此复杂，它们是大自然的教科书，只要有耐心去阅读那微小的字体，任何人都能见到。生命中还有很多有待我们去发现的奥秘，那些蛞蝓螨虫证明了这一点。

我曾听说，一位记者请伟大的博物学家爱德华·威尔逊（E. O. Wilson）给渴望在自然科学领域奋斗的年轻科学家提一些建议。他稍微阐释了一下，他对他们说，在美国内战中，掉队的士兵只要朝着枪声前进就可以，而他给年轻科学家们的建议很简单："远离枪声。"这番话给我的印象极深。他是在告诉他们，找到你自己的耕种领域，让自己在某种不知名的东西（对他来说，是蚂蚁）上赢得名声，由下而上地震动科学界——他正是那样做的。蛞蝓螨虫让我想起了这一点。蛞蝓螨虫安静，无人问津，是生物学中茂盛的处女林。它们现在就在那里，在你的花园里，吞食你的草莓、鸟食，或在蛞蝓同伴的身上小口啃食。一架显微镜，一点闲暇，一点耐心，加上寻找可怕场景的眼睛，任何人都可以成为研究某种螨虫的国际专家。地球上的性是任何人都能参与的游戏。

第十二章　从未讲过的最精彩的故事

　　终于，他单独和她，他心仪的对象，在一起了。他紧追着她走了一英里*多。他拼命想引起她的注意，他用力量和勇猛击败敌人，而且从来不用咬、攻击眼睛或任何此类没有绅士风度的行为，因为他永远不会堕落到如此低贱的地步。他有雄性的荣耀、正直。他现在已经到了草地上一个隐蔽的坑里，趴在一株老橡树的树干下面。他们穿过树林，经过漫长的旅行，这是她第一次准许他靠近一点。他们还是第一次触摸。他很温柔，动作控制得很慢，因为担心在突破最后一道难关时失去她。他们相互靠近、触摸、闻嗅，几乎是在品尝对方。他停了下来，她胸中发出叹息，他把头靠得很近，以至于她的呼吸变成了他的。他长长的身体扫过她的身体——摩擦出嘶嘶的声音，他的热情显露无遗。突然，他们放慢了动作。好像在一阵恍惚中，他们在彼此的身体上翻滚、缠绕。这是交合前的战栗。和她一样，他为此等了几年。它们是蛇——蝰蛇——而这就是它们的性行为。缓慢，为对方着想，有点勇敢，而且碰巧符合

---

*　1英里＝1.609公里。

　　　　　　　　　　　　地球上的性——动物繁殖那些事

我们对浪漫和迷幻的文学解释，只不过是以"米尔恩·布恩"*那种震撼的方式。

但遗憾的是，在英国几乎没人见过这种景象。因为蜂蛇大多消失了，剩下的一些通常可悲地缩在欧石楠丛或古老林地中的小草窠里。像这样相互隔离，它们如同遭遇海难的水手，搁浅在一串沙漠荒岛上，被淹没在人类干扰日益上浮的水位线下。岛屿一个接一个地消失了，我们还会看到更多的消亡。

历史上，关于蛇的生命史都是经过适当扭曲的故事：它们是孑遗物种，根源可以追溯到恐龙时代，《圣经》中蛇的背叛造就了它们在现代的命运，它们在英国全国范围内遭到迫害，最终，就在故事接近尾声时，有了一些法律保护（在英国，杀蛇或打蛇是违法的）。也许在公众意识中，蛇那种长着毒牙的致命"长绳"的形象正在改变？也许人们正慢慢地把这种动物视为美丽的？的确，可以说我们这一代人更有可能伸手去拿相机而不是铁锹。但是否为时已晚，于事无补？

现在我要说点我个人的情况了。也许到现在已经显而易见，我是一位对某些动物有些失望的博物学家。我对被大自然嫌恶和遗忘的动物充满了爱与激情，当然，我偶尔很生气浪费大量时间来看自然主题的畅销书。你知道的，就是比阿特丽克斯·波特（Beatrix Potter）**那些人写的书。波特在书中创造了大自然的头号"小圈子"——这里有一群有超凡能力的角色相互支持；虻、金龟子与水螨被拒之门外。松鼠、兔子和

---

* Mills & Boon，米尔恩·布恩出版公司，是英国一家历史悠久的浪漫小说出版商，占英国浪漫小说市场 85% 的份额。

** 英国童话作家，生于维多利亚时代的一个贵族家庭。

浣熊成了大自然的宠儿，它们是大自然的中心。而我那"卑微"的刺猬也光彩照人地居于这些受人欢迎的动物中间。英国公众热爱平易近人的、哀伤忧郁的事物。对热爱大自然的人来说，刺猬已经成了那样一种动物。它是自然界的黛安娜王妃。刺猬出现在英国广播公司《野生动物》栏目最近发起的一次寻找英国"国家第一物种"的投票名单中，并得到42%的公众投票。我能说什么呢？我们英国人热爱刺猬。我有时很好奇波特对此起到了多大影响——是否她塑造的蒂棘·温刺儿太太（Mrs. Tiggy-Winkle）*的形象深入人心？那个单纯的刺猬洗衣妇，住在古色古香的坎布里亚（Cumbria），把洗好的东西送到周边森林里动物们的家里。也许就是这种社交本领吸引我们去关注这类受人欢迎的动物？

在为本书做调研的过程中，我不止一次被某些话题领域吸引，而这些领域也许有把我的话题吞没掉的危险。但是无论如何……如果我们更多地了解这些生物的性生活，是否会改变我们对它们的看法？是否有可能毁了有关蒂棘·温刺儿太太和她那个家族的神话？它们的性生活中是否蕴含着比它们的公众形象更有趣的东西？

似乎只有一个人可以咨询。我通过电子邮件联系了他，他邀请我去他家。当然我所说的这个人，就是人称"休刺猬"的休·沃里克（Hugh Warwick）先生。如果刺猬是英国的宠儿，那么"休刺猬"则是英国的刺猬宝贝，他是真正迷恋刺猬的人。他是《带刺的小东西》（A Prickly Affair）的作者，近年来成了刺猬类的代言人以及解说英国可爱的刺球（刺猬）们的红人。我们见面的时候，他大体上吻合我对他的想象——

---

* 比阿特丽克斯·波特创作的《彼得兔》中经营洗衣店的刺猬太太。

博学、精力充沛、对大自然中日常所见的事物充满激情，尤其是对他心爱的刺猬。他邀请我走进他的家门，进入他的世界：拥挤的起居室里铺天盖地堆满了刺猬纪念品、照片、海报，还有一排又一排书架，摆满有趣的图书，不出所料，很多书都是关于刺猬的。几分钟后，他就让我站在他的花园外，手里拿着一点奶酪去喂一只习惯了人类的知更鸟。休就是这样的人，他是动物之友。在他准备咖啡的时候，我默默地站在那儿，朝那只大胆的知更鸟摊开手。它似乎不想靠近我，我拿着一小点奶酪站了几分钟，有点挫败感。我等啊等，但是，没有一只知更鸟奇迹般地出现。我失败了。

休一点也不在意。他说："没关系，它稍后会回来的。"接着，我们穿过厨房，进了前厅（我悄悄地把奶酪放进夹克衫的口袋里，充分意识到三个月后我会发现它还在我的口袋里，那时我一定会呕吐的）。我和他在沙发上坐下，一边聊天，一边打量他的一些刺猬装备——毛绒玩具、书、明信片，当然，中间还夹着一只有拖鞋那么大的填充刺猬标本。我立刻被它的耳朵吸引了，那看起来和我自己的耳朵出奇的像。大大的、粉红色、形状美观，有点……招风耳。所有的刺猬都有耳朵吗？我以前从未注意过。它们几乎就像灵长类一样。我可以说这只刺猬可爱吗？它的刺没有完全竖起来，我能看到从身体下面伸出的四条小腿儿。它的面部周围和侧面一溜有皮毛，毛茸茸的，很可爱。但是随后……它那负鼠般圆溜溜的眼睛立刻吸引了我的视线。

我向休坦言我是带着一些问题来找他的。我有些闪烁其词，试图向他表示，我认为刺猬……有点让人讨厌。我想他没听见，相反，他翻着书堆和相册，准备向我讲述他与刺猬的激情邂逅，跨越几十年的邂逅。

　　他首先跟我讲的是刺猬的性冲动。它们有性冲动，这让我有点吃惊。我以为只有体形大、威猛的野兽才会有性冲动，但是显然并不是这样。刺猬有性冲动。在英国它们从 5 月左右开始发情，有时候更早一点。休抽出一部学术著作，奈杰尔·里夫（Nigel Reeve）写的，标题就叫《刺猬》（*Hedgehogs*）。我们快速翻阅了写刺猬繁殖的那几页，上面写着："基本的性解剖结构毫不起眼。"我迅速记下这句话。一幅图显示了雄性刺猬生殖道的侧面图。在腺体、输精管、前列腺、膀胱和精囊之间，有一个细长的东西，标注着"阴茎"。阴茎尖上看起来像球根状的毛茸茸的疙瘩或玉米片一样的东西，就是龟头。很神奇。"奇怪的是大多数人没有注意到波达斯卡（Poduschka）1969 年的观察，他观察到年幼（大约 2 个月大）的北欧刺猬（*E.europacus*）的龟头是深橄榄绿色，到了成年期变成一种更常见的偏粉的红色。"真令人吃惊。

　　完全出于好奇，我忍不住要问那个难以回避的问题："休，刺猬的阴茎有多长？"以前我问这样的问题会脸红，但是现在，经过好几个月对动物的性的探索之后，我的脸皮比较厚了。这基本上不算怪异的问题了。休停顿了一会儿，在书上扫视，用富有朝气的莎士比亚式的嗓音读出一段话："阴茎勃起时从包皮中伸出几厘米，但是文献中没有提到精确的尺寸。鉴于获取此类数据所面临的问题，这也无足为怪。"读完，休戏剧性地啪地合上书，把书放到我的腿上，而他起身去更多大部头学术著作中找其他有关刺猬的性的资料了。

　　我询问休关于雌性刺猬解剖结构的问题，并继续浏览他放在我腿上的那本书。翻了几页，我看到一大堆图，有点像我印象中学校教科书上的那些东西：两个卵巢，一个子宫颈，也有一个肌肉强健的阴道，末梢是长着毛发的阴户和阴蒂。下一页有一张简明的流程图，大体上告诉我，如果季节合适，雌性只要不在哺乳期、断奶期、怀孕期、假孕期或正与另一只雄性交配，都处于发情期——随时准备交配。我问："它们会求偶吗？"休笑了，显然，对这些事情他有更直接的经验。"现在谈到有趣的地方了。"

这时，他的语气稍微带一点急促与激动了。他开门见山地说道："通常，刺猬倾向于相互避开，刺猬没有领地，但是有家庭**范围**，而且通常会有大量的重叠。但是！"他吸了一口气："当雌性到了发情期，她会突然吸引雄性的注意力，通常是一只，但是有时也不止一只。雄性过来时，雌性就会停下来，把刺竖起来一点，她会皱起眉头。""皱眉？"我迅速插话。他一本正经地说："她皱起眉头。"我让他继续往下说。

现在休用他的手比画，假装一只手是雌刺猬，另一只是雄刺猬。"接着雄性试图转个圈到她身后去。他想嗅一下，考察一下路径。"他的一只手紧张地从侧面接近另一只，"如果她对这一切一点都不感兴趣，她会转过身，面对雄性——她也许会暂时朝前跳一点点，并发出一阵打喷嚏的声音。"休抬头看着我，露出牙齿，让气流往上走，从鼻子里挤出来，发出轻微的哼哼声。"啊嚏……啊嚏，"他呼哧呼哧喘息着，"这就是她们发出的声音，一种打喷嚏的哼哼声。"他模仿得很真实。他继续激动地说："雄刺猬听到这声音会往后跳。他会暂时安静下来，接着，她也许会回到之前的状态，但是他会坚持不懈地围着她转，直到再次靠得太近，她就会转过身，再来一次。"他又发出可爱的"啊嚏……啊嚏"的抽鼻涕声，这次更响亮了。"它们会一直这样，持续好

多好多个小时……"

听到这里，我被深深地吸引了，以前我认为刺猬的性生活不那么费解，稍嫌平凡一些。刺猬因背上长着刺而使交配变得棘手。雌性高兴时刺指向后面，稍微平坦一些，不高兴时就"皱起眉头"，皮肤朝头部耸起，竖起背上的刺，使雄性不可能靠近她。除非他想让他脆弱的生殖器被刺痛，否则，当他发起最后攻势的时候，他必须确保雌性是"高兴的"，或至少不会发脾气——当然不能皱眉。

这种相互绕圈圈的行动，显然会对刺猬居住的地方造成奇怪的影响。休在文件中翻找，抽出一本相册，告诉我里面有一张图片叫作"刺猬旋转木马"。我们浏览了一些照片，这些大部分是休在苏格兰东北部的奥克尼群岛（Orkney）拍的。过去几十年间，休花了大量的时间在那里研究刺猬。照片上的他看起来年龄几乎和现在一样，这稍稍有点打击我的自信。每张照片中的他都孩子气地咧嘴笑着，就好像不敢相信自己是拿着薪水去观察刺猬的。在相册接近最后的地方，有一张题为"刺猬旋转木马"的照片。很奇怪，草丛被踏平了，形成一个圆圈，一定是刺猬头天晚上求爱所致。雄性紧追不舍，正对着雌性身体下面的区域，而雌性试图牢牢地盯着雄性，于是在草地上形成了一个完美的圆圈。照片上看起来就好像有飞碟曾在那里着陆——无法解释的怪异之事。休高兴地告诉我，这一度成了《卫报》最重要的头条新闻："刺猬拨开了麦田怪圈的迷雾"。

我被吸引了，我觉得这值得做一些文学解读，**起码**值得写进儿童小说中。我觉得差不多找到证据了——挖掘出蒂棘·温刺儿太太身上污点的行动收到了成效。我考虑了一下，若是波特知道刺猬交配的情况，她是否会讲述一个不同的故事？不同于她那个时代中流行文化的故事：笨手笨脚的洗衣妇变成了麦田怪圈的制造者，一位神秘的、有刺的神话缔造者。

此外还有很多生物从现实走进流行文化的例子，它们都具有人类赋予它们的性属性。最具有欺骗性的，也许要数很流行的少儿电影《海底总动员》(*Finding Nemo*)。实际上，事实与电影相去甚远，而且如果你问我，我会说实际情况远比小说更有趣。在电影开场的场景中，我们看到一雄一雌两条小丑鱼在照料它们那一大片卵，然后鱼妈妈突然被一条梭子鱼吃掉了。尼莫是那批卵中唯一幸存下来的，父亲把它抚养长大，然后它踏上了探险历程。但是，等等。如果母亲**真的**被梭子鱼吞食了，情况会截然不同。像许多雄性珊瑚礁鱼类一样，父亲会变成雌性，然后具备雌雄同体性。尼莫作为唯一的孩子，生来就是不偏不倚的雌雄同体，他可能会长成一条雄鱼，再来一个漂亮的变身，很可能会和他现在身为雌性的父亲交配。但是，还不止这些呢，如果后来父亲死了，尼莫会继续传宗接代。如果周围没有别的小丑鱼，他就变身为雌性与后代交配。好了。我这辈子有很多时候都与8岁的男孩女孩在一起工作。我想他们会喜欢这个故事的。

那么，诸如此类的其他电影呢？《小飞象》(*Dumbo*)？想象一下他在体内涌动着激素的性活动"狂躁期"变身为有绿色阴茎的怪物的情景，再加上大象标志性的惊天动地的怒吼。《淑女与流浪狗》(*Lady and the Tramp*)呢？故事发生的地点依然是一条小巷，但是阵容更强大，影片时长会远远超过75分钟。《绿野仙踪》(*The Wizard of OZ*)呢？你不会想知道当狮子找回勇气后他会做什么。见鬼，《小鹿斑比》(*Bambi*)

呢？也许她是一种不会生育的雄性变体，这种现象出现在很多种类的鹿和麋鹿中，我们称之为"Peruke*"。我想象自己穿越时空，与那些伟大著作的作者们坐在一起，告诉他们现在的科学发现。《小熊维尼》（*Winnie the Pooh*）、《海豚飞宝》（*Flipper*）、《杜拉德医生》（*Doctor Doolittle*）、《丛林故事》（*The Jungle Book*），这些故事哪怕只有一点基于现实，结果都会大不一样。天哪，我太可笑了，我也知道这些只是故事。而且，我们不能回到过去。但是我觉得讲真实的故事并无妨害，至少在本书中可以作为轻松的点缀。现在请允许我回来说刺猬。

我问休："我们可以谈谈生殖器栓塞吗？"我在某个地方读到过，雄刺猬可以在雌刺猬的生殖道里留下一个栓塞，阻止其他雄性的精液潜入。我在旅行中跟人谈到刺猬的时候，也听说过几次。休明白我要谈什么，但是让我微微有点失望。"也许是，也许不是……确实，这一点还有讨论的余地。"他慢慢地思索了一下这个谜题，"有人非常详尽地检查过这种栓塞的构造，发现是喷射出的胶状精液；还有人仔细检查后认为这不单与雄性有关系，与雌性表皮细胞也有很大关系。"那么，这又是一个误构的概念？休笑着说："事实上，我认为并没有多少人研究过刺猬交配之后隐私部位的情况。"我说，哦，解释很合理。像在这一年的研究中很多其他的时候一样，我突然意识到撞到了目前人类知识的边缘。

值得庆幸的是，对刺猬后代的 DNA 检测，提供了另一个理解它们生殖策略的途径。在 2009 年的刺猬基因研究中，人们分析了 5 窝幼

---

* Peruke，原意是男子用的长假发，英文中用来指鹿角的畸变现象，常因雄鹿受伤或激素分泌异常而引起。

崽，发现有 2 窝幼崽源于多个父亲。如果所有野生的刺猬种群都是这种情况，那么，精子竞争很有可能在刺猬生殖构造更深的隐秘处发生。也许我们只需找到更好的研究方法。

我们又谈了一会儿刺猬的生活和爱情，我更详细地对休讲述了我对刺猬带有的些许疑虑，以及它们在热爱野生动物的英国人心目中的流行地位。我开玩笑说："波特之类的作家对我们撒谎！蒂棘·温刺儿太太不是个洗衣妇，她和其他刺猬一样性欲十足！"我越说越来劲，真的开始为我的想法辩护了："波特那群人用自己的视角来讲人类的故事，代价是让人错误地幻想动物的生活与爱情！"休一言不发，只是把手提电脑拖过去，开始在他的私人文档中查找。他快速点着头，浏览了一个又一个文档，接着，突然停下来，说了声："啊哈！"然后把电脑屏幕转过来给我看他找到了什么。这是从中世纪文本里扫描下来的一段引文。引文如下：

刺猬是种淘气的动物，尤其是晚上当奶牛入睡之后，它会去吸奶牛的乳头，使它们的乳头疼痛。

什么？我反复读这个句子，一遍，两遍，三遍。休打破了静默："在波特之前，围绕刺猬的大多数神话和民间故事都把它们说成神秘的东西，噩运的前兆。"他摇了摇头，说："我不希望回到那样的时代，绝不。"对于休来说，波特至少将刺猬从那种曲解中拯救出来。他热切地说："若是刺猬没有今天在大众文化中的这种意象，哪会有研究刺猬的人？我对刺猬的流行感到非常自豪。就像知更鸟，刺猬这种动物已经变得能被人类容忍，这让人们，尤其是孩子们，能友善地对待它。"这对休来说非常重要，他谈起了刺猬带来的意义，以及波特最早做出的贡献。他滔滔不绝、充满激情地解释它们在文化上的成功——人们觉得刺猬可以接近，觉得它们很可爱；童年见到它们的情景会牢牢地印在脑海中，而那拯救了它们，也拯救了各种各样的其他生物。

休带着欢快的语气慢慢说道："如果一只刺猬打开刺球让你看到它，我可以说，真的是非常可爱。"我开始明白他的意思了。他滔滔不绝地讲着，一点一点地，我开始爱上这些小野兽了。在他不停讲述时，我一直在看角落里那只填充刺猬，我一直在赞叹那两只耳朵，圆溜溜的眼睛。它很可爱。见鬼去吧，它们**的确**很可爱。

刺猬很可爱。它经历了漫长的道路，从噩运的先兆变成笨手笨脚的洗衣妇，再到唤起人们环境意识和对动物之爱的形象大使——至少休是这样说的。不过，令我吃惊的是我们似乎对它隐秘的性生活知之甚少：我们不知道，阴道里的那个栓塞是雄性留下的还是雌性制造的？几乎没有人评论过刺猬的阴茎不同寻常的颜色，也几乎没有人（除了休之外）亲眼见过"刺猬旋转木马"。毕竟，现在我们谈论的是一种国宝级的动物：这种动物分布广泛，我们在自家花园里就能见到，但是很遗憾，其数量正在减少。

从这个方面来说，刺猬和我本章开头提到的蛇相比又如何呢？

蛇的历程似乎正好相反。蛇曾经受到古代秘鲁人和埃及人的崇拜，图坦卡蒙的坟墓一端就有很多蛇。蛇是希腊神话中一贯的明星配角（常常是作为治疗师）。蛇的名声扫地（至少在西方世界中），毫无疑问是在伊甸园里决定人类命运的那一日。然而，一些人会争辩说，我们对蛇的性生活，似乎比对刺猬的性生活了解更多，因为许多种类的蛇通常不那么谨慎。

说到公开进行性表演，最著名的恐怕就是水蟒，部分原因在于它是所有蛇中体形最庞大的，而且分布很广，与之相关的流行文化几乎视之为神圣之物（主要是由于它可以吞下巨大的东西）。对了，它们的交配也赢得了一些赞美——如果不是太公开恣意，倒也没什么。

和许多爬行动物一样，雌性水蟒需要更长时间才能达到成熟并进入抚育状态。这意味着每条发情的雌性水蟒会迎来三四条热切的雄性水蟒。实际上，一条雌性水蟒在一群缠结成一堆并起伏、蠕动的蛇中间躺上三四周是常见的事情。有时候，她会一次引诱五六条雄蟒，每条雄蟒都将扭动身体，意欲进入正确的位置给她授精。在这种竞争状况下，毫不奇怪，精子栓塞再次露出了丑陋的嘴脸（可能和那些刺猬相似）。但是，这些雄性水蟒还有最后一招（可以这样说）：他们伸出了未完全退化的脚，那就是他们身上的小"刺"。他们把这些"刺"插入雌蟒下面的区域，在她身上猛烈地摩擦。没人能确定为什么雄性这样做。这也许会鼓励雌蟒打开她的泄殖腔，让雄蟒的一个**半阴茎**进入（你也许会问："什么是半阴茎？"嗯，蛇有两个阴茎，有什么不可以呢？*）。同样，他们也可以烦得她只能屈服。这是一场繁殖舞会，相当盛大的舞会。雌蛇体形更大、更强壮，她可能会用庞大的体形来确保让最好（也最强壮）的雄性最终留下来为她的卵子授精。每年这个时候，她当然要把他们拉出来遛遛，让他们就好像在慢动作的野马身上骑行 30 天一样（也许这

---

* 雄蛇的生殖器官两端分叉，形成一对袋状的半阴茎。

就是那些"刺"的用武之地？）。

目前还不清楚雄蟒是如何找到雌蟒的。他们可能通过气味痕迹追踪，雌蛇也可能会通过空气传播性信号，再或者两者都有？甚至在1959年确定"信息素"这个术语之前，人们就一直怀疑气味（或味道）是动物界中广泛用到的一种适应性特征，而这些大部分是人类不能察觉到的（例如，古代希腊人注意到，母狗发情期的分泌物会引来方圆几英里的公狗）。性信息素尽管有多种功能（包括表明雄性的品质），但对于在广袤区域游荡，而且通常在黑暗中或低矮灌木丛中活动的物种，却可能成为有用的适应性工具。对于蛇来说，性信息素是它们寻找对方所必不可少的。

本章开篇我写的是蝰蛇（或称北部毒蛇，这是北极圈以北唯一可见的蛇），因为我曾目睹它们不同凡响的性仪式，只要有点耐心，脚步快一点，你也可以亲眼看到。早春，雄蛇通常比雌蛇更早从冬眠中醒来，常可见他们在冬眠地点附近的河岸上沐浴阳光。他们尽可能花时间把生殖腺晒得温暖点，这有助于产生精子，为接下来的大事做准备。成年雄蛇只有一个任务，那就是找到处于发情期的雌性。你也许认为这是一个共同的主题，但是对于雄性蝰蛇来说，挑战更加严峻。因为它们生活的国度（包括英国）天气寒冷，雌性可能每两年才繁殖一次。这使寻求配偶的雄蛇和有交配意愿的雌蛇比例失调。又是类似的故事，现在我们已经听过几次了。追逐开始了……

这期间，雄蛇要爬一英里远，进进出出地吐舌头，闻雌蛇通过皮肤和肛门腺渗出来的性信息素。雌性蝰蛇的性信息素留下的踪迹是指引方向的标记——雄蛇可以由此获知她的位置、方向以及繁殖状态。他找到目标，但常常会发现其他雄性已经捷足先登了。仪式性的战斗随之展开（当然，这就是所谓的"蝰蛇之舞"），雄性会进行角力，基本上一直打斗到其中有一条蛇意识到，至少就眼下来说，还是去做点别的事情更好，比如说去寻找下一个伴侣（雄性蝰蛇拥有我们所谓的战斗法则，这些法则烙进了他们的血液中；首要法则？**"不能咬！"**）。没有手，又不能咬或吐口水（或挖眼珠、偷袭之类），在这种条件下，雄性蝰蛇做出了有自尊的街头斗殴者会做的事情：他们相互推搡并在地上翻滚不已。打斗中胜出的那一方一旦能与心仪的目标独处，就会继续嗅。他疯狂地把舌头吐出、吸进，摆动着尾巴，蓄势待发。这也许是他长久以来唯一的交配机会。

　　尽管我遇到过一提到蛇以及蛇的交配这些概念就不寒而栗的人，但是我希望这些话至少可以舒缓你的忧虑。蛇是古老的浪漫派，花了数百万年磨炼它们的技艺。不过说到底，我们都一样。

　　在蛇交配的初期阶段，信息素非常重要。如果没有信息素，海蛇、食蜥蜓蛇、钝头蛇、林蛇、青草蛇、蟒蛇，都将会消失（不单是迷失方向）。然而，关于信息素的真相——不同的蛇依据性激素定位和感知方向的能力差异，以及雌蛇是否愿意，或在多大程度上愿意在周围留下性激素——很大程度上依然没人研究过。对于一些种类的蛇，尤其是那些大半生在土壤表面或下面打滚的蛇来说，在最佳时节找到配偶的概率很低。对于这些种类，轮虫类生物熟悉的方式又出现了：无性繁殖。雌性生育雌性，换言之，基因克隆。在此我说的是名字听起来很有意思的钩盲蛇（flowerpot snake，也叫婆罗门盲蛇）。这种蛇已经通过洲际园艺贸易进入世界各地，它看起来像蚯蚓，像蚯蚓一样生活，当然，也像一些蚯蚓一样交配——进行无性繁殖。尽管它的足迹遍及全世界（它也许是全世界分布最广泛的一种蛇），但是几乎没人知道那些讨厌的雄蛇跑到哪里去了。也许它们时不时地冒出来？也许它们是真的永远消失了，剩下另一个谱系独自繁衍后代，但是也许将来会后悔（就像我们在第七章中见到的那样）？这些都尚无定论。

我从来没能说服一个患有恐蛇症的人不要怕蛇，我不期待这些话能起作用，但是我会感谢读者给我一个机会去写蛇这样一种我们通常会避开或辱骂的生物的性生活。蛇与波特笔下流行的任何生物一样具有复杂的演化特征，一样拥有令人惊叹的性生活。我至死也会为此辩护。波特笔下的每一种生物莫不如此。你如何看待它们或者它们如何让你发怒或着迷，都无关紧要，它们脑子里有更重要的事情。

在波特的兽群中有一种动物似乎适合在本章结尾处重点关注一下，因为它们就像蛇一样，身躯小小的，却会使我们充满恐惧、不寒而栗。我想和你们谈论它们的性生活，是因为我逐渐开始爱上它们了。当然，我说的正是老鼠。

老鼠和我们很像，只是在很多方面它们更强。例如，它们摇晃的睾丸能伸缩，而且它们有 5 对乳头。它们还是超级社交型的小东西，适应性也非常强。波特当然也写到了它们，但是没有把它们写成洗衣妇或让它们勇敢地与农夫们对峙。波特传播的是一个更接近于自然界中真实情况的故事。她把老鼠贬斥为破坏分子。在她的《两只坏老鼠的故事》中，两只老鼠闯进小孩的玩具屋，砸碎了盘子，撕碎了枕头，把洋娃娃的衣服丢到了窗外（后来老鼠们为此赎罪了）。但是，她没有提它们为什么去玩具屋的卧室，也许是出于正当的理由吧，因为老鼠以生育能力超乎想

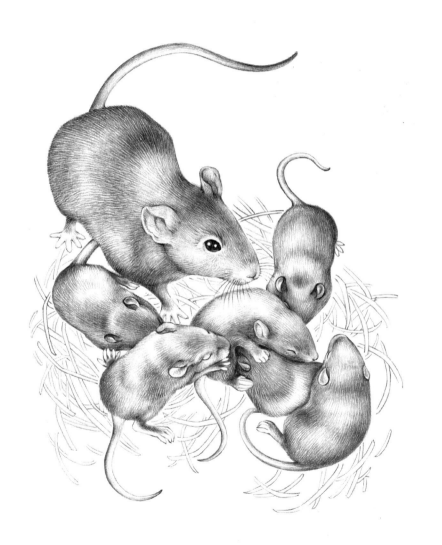

象而著称。那是故事，对吧？不过，现实就是这样——我们了解。

当然，老鼠很能生养——当时节适宜，它们一年可以生出 100 多个后代（它们从 5 到 6 周大就开始生产，每年有可能下 10 窝幼崽，每窝多达 14 只）。但是，简单地贴上"生育能手"的标签反倒给它们造成伤害。家鼠在全球范围内成功的秘诀不在于它的性生活，而在于其性行为的**可塑性**。

家鼠社群（如果我们能这样说的话）的可塑性惊人，具体取决于它们住在哪里，有多少食物或空间。周围有方便的食物来源（例如，在食物丰富的厨房里）时，老鼠更有可能关心如何共享空间。它们的家庭范围缩小了，随着相互踩踏对方领地的频率增加，它们的脾气随之高涨。处于这种环境下，家鼠之间的互动变得火药味十足。武力较量如此频繁，以至于种群变得等级分明——我猜想，它们不得不这样，否则最终每只老鼠都会自相残杀。这种等级制度防止大部分老鼠间的互动升级为一片混乱。雄鼠相互间自然很暴力，这种适应性特征使它们能相互制约，但又没有受重伤的风险。但是，它们也会密切关注对方，随时准备驱逐任何鬼鬼祟祟进入它们领地的雄鼠。然而，在这些拥挤的种群中，雌鼠相互间变得相当随和。雌鼠不太介意共同拥有一个配偶，只要这只雄鼠体质好，有能力保卫领地。有丰富的食物，还有领地性更强的雄鼠保护幼崽的安全，雌鼠在通常由有亲缘关系的个体组成的小群体中相安无事地生活在一起，它们甚至喂养和照看彼此的后代。它们基本上成了社区保育员。

对比一下它们那些生活更独立的乡下表亲。那些"非共栖性"的乡下老鼠过着更流氓、更粗野的生活。有时食物或水资源有限，雄鼠在给定时间内必须漫游更广阔的领地。对于它们来说，与其他雄鼠相遇是件大事（绝不常见），它们会竭尽全力战斗。在非共栖性种群中，雌鼠之间的互动也变得暴力。毕竟，如果食物稀缺，头脑正常的个体谁**愿意**分享食物呢？它们对一切都采取防备，因为什么都少：食物少，水少，避难所少，交配机会也少。

无论共栖性还是非共栖性的老鼠，它们的性生活都与环境相适应；不管在世界哪个角落，它们都能依据周遭环境来塑造自己。达尔文有句经常被误引的名言："生存下来的并不是最强或最聪明的物种，而是最能适应改变的物种。"老鼠形象地阐释了这句话，它们在生态习性和性生活上都具有很强的适应性，这就是它们比你或你认识的任何一个人在性方面更强的诸多原因之一，但是老鼠的性行为中还有一些方面是我很喜欢的。例如，雄鼠会"唱歌"（发出音频范围为 30–110 千赫的超声波叫声），而奇妙的是，雌鼠的信息素会诱使雄鼠这样去做。这些歌还有不同曲调，以至于有人拿它与鸟的歌声相比。它们适应性佳、有想法、防卫性强，啊，没错，还有点好斗，但绝不是波特笔下没头脑的破坏分子。

在本章接近尾声时，我得承认，我拜访休时，初衷是接下来写一篇"贬斥"刺猬的文章。这一章原本是想探索表面纯真的蒂棘·温刺儿太太及其同类的性史。我并不以此为荣，但这是事实。我想玷污刺猬著名的胖乎乎的、糊里糊涂的形象，揭示雌刺猬有点淫荡，而雄刺猬是狡诈的污秽传播者。然而……我没有那样做。幸好，我看到了意义。当休给我看那段令人难以忘怀的中世纪文字中所写的淘气的刺猬晚上吸奶牛乳头的逸事时，我意识到我的方向错了。

大自然的故事惊人地丰富，而这些故事的真实性（或当我们如此接近真相时的激动）更是令人难以置信。蛇、刺猬、老鼠，我们觉得我们对这三种动物了如指掌，西方社会将它们简洁地概括为恐怖的、不友善的、危害社会的。然而，它们的性生活，正如波特或迪士尼所能构想出来的故事一样丰富、有趣。每个故事都有"叙事弧"（narrative arc），都有竞争和阴谋；其核心在于搜寻，过程迂回曲折，结尾常设有圈套＊。但最棒的无疑是，这是天地构想出的故事，无心的成功与失败之举造成的最终结果，一连串成功的错误；一段轻率的进程，促成一个简单的故事，用同样轮回的方言和同样浪漫的对话，以一百万种不同风格和方式讲述出来。这是两性之间的对话。每个故事都在缄默中讲述，直到那些早期的科学家宣布人类登上舞台的中心，并从人类的视角来讲述它们的故事。刺猬的故事就是其中之一。

　　我觉得我逐渐爱上刺猬了。它们有意义，就像任何事物一样有意义。黄蜂、蛇、小丑鱼、蜘蛛，它们都是孔雀，都是大熊猫。它们彼此平等，各有神通。它们都不是依照人的形象塑造的，它们就是它们自身。有太多时候，它们的故事，是从未有人讲述过的最精彩的故事。

＊　此处语义双关，直译为"尾巴上常带有刺（sting，或 spur）"。

第十三章　性：舞台上的巡演

下面这则新闻报道摘自1897年的《东部新闻晨报》(*Eastern Morning News*)：

亨伯保护委员会还没解决这个棘手的问题：如何摆脱现在侵扰芦苇岛的鼠疫。而且，他们不大可能迅速采取措施——最现成的方法是将小岛淹没，然而这一举措失败了。前几年还是一片牧草丰富的草场，而且，郁郁葱葱的牧草养育了成千上万的绵羊，现在是无数老鼠的家园，整片草地满是老鼠打的洞，这片栖息地里的啮齿类动物种群实在太密集了，据说一脚踩下去，根本不可能不踩到老鼠洞。老鼠占上风也仅仅是一年以前的事情，而委员会的管理人员为了驱逐这些不受欢迎的住户，采取了很多行动。最后人们决定在环岛的河岸挖一些通道，在春季涨潮的时候，放亨伯河的水进去，希望能淹死鼠王和它的无数家人。开挖通道耗费了巨资，水灌进去后，至昨天晚上已经一周时间了，但是没有达到预期的效果。水流驱赶着几万乃至几十万的老鼠从洞穴涌向地势高而干燥的河岸，老鼠们尖叫着，争先恐后占据立足点的混乱场面无法用言语描绘。毫无疑问，许多老鼠被洪水淹死了，但是，对于最专业的游泳能手来说，老鼠大军中淹死的数目实属微不足道。一群绅士周六去了岛上，开始全天杀公害的运动……基于理性判断，会有成百上千的老鼠死于这些绅士的火力下，但显然还需要更特殊的办法来去除岛上的鼠害，洪水似乎没起什么作用，而又不可能用枪把它们射杀光。

搞笑的是，这则报道里提及的老鼠实际上并不是老鼠。这些动物曾经被想当然地认为是老鼠。在这篇报道发布后不久，人们发现它们不是老鼠，而完全是另一种动物：水鼠，半水生、宽脸、长着丰满下巴的老鼠表亲，还有短短的毛茸茸的耳朵。它们的种群数量惊人，原因是什么？这个岛以及周边附近的岛被一种入侵植物占领了："一种茂密而多汁的野草，估计是从远处引进的。"水鼠喜欢这种植物，再加上没有捕食者，它们便肆意繁殖，占据了整个岛屿。

你也许知道，也许不知道，水鼠是正滑向灭绝深渊的另一物种。它们遭受过重创。我在写这本书的时候，这个物种在英国的数量已经减少了20%。实际上，在英国，现在它们的生存，部分依靠圈养繁殖然后重新放归适宜的栖息地。多亏新闻界的热心报道，最近几周以来，我一直能收到有关它们的消息。有一天，我因感冒而躺在床上休养，发热、流汗、辗转反侧之时，收听了广播电台4频道有关它们的节目。正是那个时刻，这个节目打动了我。自然保护要走向哪里？会不会有越来越多的生物因为在濒临灭绝的绝壁上岌岌可危而接受被人工圈养繁殖，以便将来重新放回野外的命运？这是不是有点古怪？有点悲哀？是不是将来诸如这样的努力都要依赖科学家在双筒镜后面看着它们的交配行为，并祈祷能成功？我一时心生焦虑，深感迷茫：演化要把我们带往何方？

人类，地球历史上第一种经常莫名其妙地想要帮助其他动物在建筑物里交配的动物，他们的行径仅只是为了确定，也许有一天，这些动物在没有人类帮助的情况下，也会继续在野外成功地交配，并为此喜悦。我们人类正成为一种非常奇怪的物种，你觉得呢？

时间由夏天步入秋天，几个星期以来，这些古怪的想法占据了我的大脑。由此形成了一个我确保可以进一步思考的题目，接着，我接到了一份邀请，一份非常特别的邀请。

* * *

时间还早，我坐在车里，停在诺维奇（Norwich）*A11 国道路侧的停车带上。有人给我的手机上发了一个视频，让我为今天与一位性巡回演出设计师的会面做准备。车窗不合时宜地起了雾，我把手机音量开得很大，小小的手机屏上显示出一个平静的池塘表面，画面慢慢地往左边平移，沿着一只骇人的大蜘蛛华丽的脚往上移，蜘蛛的脚正拨弄着水面。解说说道："这是一只雄性的植狡蛛（fen raft spider）。"解说员像有感情的机器人一样说着，每一个音节都带着优雅。"他正在寻找一个伴侣……"当镜头扫过他的长腿时，钢琴背景音轻柔地响起了。他的腿看起来像芭蕾舞男演员的腿，优雅而削尖，一起划着弧线，每一条腿都蕴含着生命的潜在活力。他的身体骄傲地"坐"在这些腿上，形状好似一辆经典一级方程式赛车的底盘（包括两侧装饰性的白色条纹）。这

---

* 英格兰最古老的城镇之一。

家伙一组大眼睛像头顶灯一样从顶部突出，一边激动地摆动着口器，一边刻意地轻拍着水面。我不害怕蜘蛛，但是，缩在一辆停靠在双向车道路边停车道上的小车里，我想说我也不会主动这么近距离地长时间看它们。然而，这一只刻意用脚在池塘表面掀起波纹的蜘蛛吸引了我。他有个性，对蜘蛛爱好者来说他是一辆演进式概念车。

视频继续播放。镜头慢慢地平移过池塘，重新聚焦在一只体形更大、更敦实的蜘蛛身上，它背对着雄性。解说继续说道："这就是他发送信号的对象，一只雌性。"她的眼睛像舷窗。她光彩照人，就如同水生哺乳动物那样夺目。毛茸茸的，她太性感了。据旁白说，雌性蜘蛛四处走动的过程中，身体后面会留下一股丝，告诉周边雄性她的情史，以及她准备交配的意愿。镜头放大她的尾端，她的吐丝器在摄影灯光下闪闪发光，有一条线抽了出来，像自动收报机上的纸带一样，这条线给在她身后闲逛的雄性发出了性的信息。"不管她去哪里，雄性都会跟着这根线走。"

突然，钢琴的背景音戛然而止，代之以一种非常有力的音符，这是什么事情要发生的信号。她注意到了他。好戏上演了。他凑近了一些，神经紧绷。他停了下来。战栗。侧身往前挪。停下来。然后他再次往前凑，这次动作很慢，权衡着尺度。现在她静静地待着，让他靠近。过了一分钟左右，他们面对面了，钢琴按下一个键。他们盯着对方看了一会儿，解说柔和地说："如果她欣赏他的舞蹈，她会允许他靠近……但是，他得小心。"解说停顿了一下，"雌性植狡蛛以偶尔杀死雄性而著称。"

植狡蛛，英国蜘蛛中最优雅、最具王室风范的物种，和水鼠（还有

　　　　　　　　　　　　　地球上的性——动物繁殖那些事

大熊猫）一样，命运坎坷。曾经有一度，在不列颠低地的整个网状系统里都有它们的身影，但是，现在它们只残存于三个地点。三个，就三个地方。相隔几百英里的三个种群。这通常是一个物种灭绝之前显现的征兆，它们是小岛上的居民，一条大沉船上的幸存者，紧紧抓住救生筏、如行尸般的蜘蛛。

但是植狡蛛有几个特立独行的方面——它体形大、醒目且炫酷。实际上，它是英国体形最大的蜘蛛之一，因此，人们都知道它，很多人还相当喜欢它（毕竟，大家都喜欢冠军）；同样因为体形大，它非常不同凡响。作为在水面上行走的、设下埋伏的掠食者，植狡蛛用它的前腿感知水面或水下的涟漪，给漂到近处的猎物出其不意的一刺。想象一下，一条不是潜伏在水里猎捕靠近水边的陆地动物，而是行走在水面上伏击水下生物的鳄鱼。好吧，是有点像，但是这里我们说的是蜘蛛。

1999 年，英格兰和威尔士一个颇有抱负的"物种行动计划"项目将植狡蛛列为重点研究对象，这个项目旨在将其重新引入原来的家园。项目的核心部分是放养几批健康的年轻蜘蛛，期望它们中的一些日后能够进行繁殖。但是，还有一个问题需要解决——它们如何繁殖？在接下来的 10 年里，植狡蛛这个因行踪隐秘而习性少为人知的物种，它私密的性行为将被人仔仔细细地观察研究。

当雌雄两方的行动愈演愈烈时，我用袖子擦了一下屏幕。我手机上的视频，是野生动物制片人詹姆斯·邓巴（James Dunbar）拍摄的，用来展示这个项目进行到了什么程度。这也许是全世界第一部如此清晰地向全球观众详述植狡蛛性生活的视频。我静静地坐着，在手机上继续观看这个交配仪式。他们往外伸展的腿触碰了一下，脚尖触脚尖。此时钢琴奏出了一个坚定的和弦，解说者的声音让人感觉她似乎在微笑，她说道："雌蜘蛛很乐意。"卖了个关子。

雄蜘蛛靠得更近了，但依然是慢慢地接近，仿佛雌蜘蛛的诱杀装置随时会被触发。接着，什么……? 雄蜘蛛的脚忽然上上下下地摆动起来，像上足了发条的玩偶匣子。如果蜘蛛有屁股，那么，雄蜘蛛就是在晃动他的屁股，跳蜘蛛版的电臀舞。雌蜘蛛看起来有点迷惑不解，她继续静静地看着，而雄蜘蛛此时的舞蹈达到了狂热。这就是雄蜘蛛的舞蹈。毫无防备地，雄蜘蛛开始在疯狂的摇摆中加上偶尔把脚放到雌蜘蛛面前晃动的回合——好像这是他刚刚才学会的关键的一步、他最佳的舞步一般。雄性看起来像一个踏在震动着的跑步机上的军乐队指挥。解说说道："这猛烈的快速运动表明雄蜘蛛正处于冲刺阶段。"在雄蜘蛛鼓起勇气接近雌蜘蛛并采取行动之前，他突然停了下来，评估雌性的反应。要么现在就是时候，要么根本就不会发生了。事实上，在这节骨眼，事情变得更加古怪了。

突然出现好多扭打和翻滚，而且，根本看不清到底发生了什么。仿佛最后要给摄像机留出机会拍下到底发生了什么似的，这一切持续了一会儿后停了下来。雄性以某种古怪的方式从背后抱住雌蜘蛛。接着雄蜘蛛平缓地移动到她的腹端忙活起来，好像他正在解除一个复杂的炸弹。雄蜘蛛用两个须肢（雄性改良的附器）抚摸雌蜘蛛的身体，接着，往上移动，找到她的生殖器开口，刺入，把精液射进去。有一小会儿，一切都风平浪静了，接着……他们扭在一起，蹦跳、旋转、扭动，接着，来也迅猛，去也迅猛，整个过程结束了。雌性往回跳，跳到原先的位置，好像一切都没有发生过。雄性转向了另一边，花了点时间整理了一下他的须肢（我还在好奇动物使用过生殖器后会花多久来清洁），接着便离开了。解说用几乎不满足的语气说道："现在他们要分道扬镳了，雄性会试着和尽可能多的雌性交配，因为这是他最后的夏天了。"故事就这样结束了。

像这样坐在车里看，我觉得这个场景有点下流，不过，这也许不是我在路侧停车带看过的最糟糕的性活动。我关掉手机，插入钥匙，点火，驱车前往诺维奇，路上我偶尔会检查我的肩膀、头发和脖子，看看是否有欲火中烧的蜘蛛。这是我开始奇妙科学话题的旅行起点。性的舞台。

邓巴拍摄蜘蛛视频的场景就设在这样一个地方——一个在实验室基础上建造的围场，里面精心准备了蜘蛛交配所需的元素。有充分的理由表明，这些性的舞台对科学家有用。通过调控像温度、栖息地条件或性别比例等变量，你可以观察到这些因素对交配行为或繁殖成功率的影响；如果你想逆转濒危物种的命运，这两个因素是最重要的信息。

我打电话去咨询性舞台时，伊恩·拜德福德（Ian Bedford）是第一个回应我的人，他邀请我去约翰·英尼斯中心（John Innes Centre）。伊恩是那里的首席昆虫学家，这个职业头衔让我内心那个 8 岁的自己着迷不已。伊恩领导研究并协助很多旨在理解动物性生活的项目，尤其是对那些偶尔会搞破坏、破坏我们赖以生存的农作物的动物。

伊恩是个快乐的家伙，显然，他是这个地方土生土长的。他面带微笑地和我握手，接着，几乎是咯咯地笑起来，他很希望听到我在动物性旅程中遇到的其他动物的故事。伊恩起初是中心的技工，而现在他已经培养出了现代科学家所需的重要技能：三分天生的好奇心，一分商业的敏锐性。我们在棚架之间穿行，之后，伊恩带领我走进暗房，进入他的实验室。就像我去过的许多昆虫实验室一样，我立刻被丰富的气味所吸引：腐烂的莴笋夹杂着竹节虫带有水果香味的新鲜粪便的味道。我右边是塑料盆里发出嘶嘶声的蟑螂，边上还有一些非洲蜗牛，我左边的盆里有一些蛞蝓（我没看到蛞蝓螨虫）。在边上一个看起来好像空着的费列罗巧克力盒子里，放着一些鸟蛛蜕下来的皮。这些都是实验室里的标准配置。实验桌上散乱地丢着一些论文，每面墙上都贴满了科学海报，我面前储物柜上面的长罐子里养满了竹节虫，这都不足为奇。

我们走进伊恩的会议室，坐了下来。我到目前为止没看到一个性舞台，对此我多少有些失望。不过，伊恩脑中想着其他的事情。"你喜欢蛞蝓吗？"他严肃地问道。我回答说："我刚刚开始喜欢它们。"他露出微笑说："我首先跟你讲讲我的新项目……"他身体往前倾，显然是要详述最近让他着迷的事情。我心想，蜘蛛得往后推啦。

他大致讲了一下他对蛞蝓的兴趣，而这种生物通常被认为是有害的。当然，几乎所有的蛞蝓都是雌雄同体的，而雌雄同体的蛞蝓，特别是那些有害的蛞蝓，给一些人带来了特别的问题，因为与大多数其他动物相比，它们有两倍的繁殖潜力。每个个体，只要能够与一个伴侣搭上线（许多个体甚至不需要这一步），就会产生后代。这就是它们给人类造成困扰的地方。在短短几周或者几个月的时间内，它们基本上可以从一个由两三个个体组成的种群发展成有几千个个体的种群。如果你是农民，像这样的有害生物足以让你破产了。

让伊恩着迷的新宠是西班牙蛞蝓，一种著名的入侵物种。我一坐下，他就从实验室墙上撕下一张《每日邮报》上的剪报给我看。标题是

《身长 5 英寸的杀手蛞蝓入侵英国》。"数以百万计的蛞蝓从西班牙来到英国，对我们花园里的植物和蔬菜发动攻势。"这篇文章还刊登了一张巨幅照片，一只黏滑的蛞蝓正在吃一只蜗牛。毫无疑问，场面很恐怖。现在伊恩吸引了我的全部注意力。

不可思议的是，这个入侵的故事偏偏就发生在伊恩的花园里。他打开了话匣子："去年我注意到这一带的花园普遍存在蛞蝓问题，所有本土蛞蝓都不见了，取而代之的是一种新蛞蝓，它是一种很古怪的蛞蝓，真的很古怪。"他抽出一张照片，上面是一只大大的、极其普通的橘色蛞蝓，它在一堆看起来像超大的狗屎一样的东西中间。我说好恶心（狗屎很恶心），伊恩告诉我，他不得不把照片中狗屎的大部分圈出来删除，以免让人看了不舒服（他从没用"狗屎"这个词，只用了"狗便便"，相当可爱的说法）。尽管心里还是觉得恶心，但是，我当时还是对他修饰过的词语心存感激。毫无疑问的是，那是张令人恶心的图片，随便你想叫它什么都可以（或任意修图）。

"这些蛞蝓真的很古怪，"他继续说，"正常情况下，蛞蝓通常会一路跟跄地冲向食物，但是这些西班牙蛞蝓，它们能像蛇一样把身体前部立起来去感知周围是些什么东西，尤其是当它们在狗便便里安家时。"我用脱口而出的一句脏话来表达我的吃惊和听到这一切的些许开心。它们听起来像卡通片或未经影院放映而仅以录像带发行的 B 级恐怖片里的玩意。不过，离奇的还不止于此。伊恩接着说："在花园里我见过它们吃各种各样的东西。你会看到它们吃我的猫刚捕杀的老鼠，你还会看到它们从大蒜和洋葱中间穿过，吃一般蛞蝓通常不吃的植物。"大蒜？老鼠？"许多人报告这些家伙从猫洞进来，吞吃猫粮。"猫粮？猫洞？我悄声附和。多亏伊恩机敏，目睹过这些奇怪的蛞蝓后，他怀疑有什么事情不妥，于是取了一些蛞蝓的样本，送到英国阿伯丁大学的蛞蝓专家赖斯·诺博（Les Noble）那里。对蛞蝓生殖器的研究表明，这些蛞蝓实际上是西班牙蛞蝓（*Arion vulgaris*）。这是首次在英国发现西班牙蛞蝓。西班牙蛞蝓来了！

　　毫无疑问，西班牙蛞蝓是种奇怪的生物，听起来好像是路过地球的宇宙飞船丢下来的物种，我们对它的生命史以及它们如何迅速侵占新的领地知道得太少了。以前人们认为它源于西班牙南部，过去半个世纪以来，它一直往北、往东移动（当然，是慢慢地移动）。1956 年它到了瑞士，接着，1965 年到了意大利，1969 年到了德国，1971 年到了奥地利，1973 年到了比利时，1988 年到了挪威，1990 年到了芬兰，1991 年到了捷克共和国……现在你明白了吧。它以大致相当于横扫欧洲大陆的阿巴乐队（ABBA）撤离欧洲流行乐坛的速度穿过欧洲。非常非常慢的犯罪波。现在它到这儿了，在诺维奇。

　　《每日邮报》的标题把它们称作"杀手蛞蝓"，我不知道这样是否恰当——它们看起来长相凶恶，这一点我同意，但是我无法想象被它们沿街追杀。"不，"伊恩扑哧笑起来，然后，严肃地盯着我这边，"此外，我们不知道它们的数量到底有多少。"他突然看起来相当沮丧："我们对它们有可能带来的影响以及如何阻止它们几乎一无所知。"最近几年它们给当地的农田造成了巨大的破坏，使得许多农夫不得不播种超出以往数量三倍的油菜籽以对抗这些勤奋的软体动物。"无数的园丁联系了我们，有位女士在一个月内杀死了 3500 只蛞蝓，另一个兄弟则杀死了 4000 只。"我很好奇那个人如何处理掉 4000 只蛞蝓的尸体，几经思量，最后还是不问了。不过，这种蛞蝓为什么会如此成功？伊恩给出了专业的解答，他提及一种与西班牙蛞蝓的性有关的雪上加霜的因素。基本上，这是一种离开家园（主要和植物贸易有关）寻求富饶乐土的蛞蝓——在它的故乡和性相关的资源很稀缺；而同交配相关的关键因素为：雨水充足、气候温和、食物充沛。诺维奇就是这样一个地方。

　　西班牙蛞蝓习惯于干旱的环境，历经数百万年的洗礼，它已经适应了有炎热干燥的夏季和寒冷干燥冬季的世界，它黏糊糊的皮肤保护它不会失水，卵的外壳很坚实，使其能够在最恶劣的气候中存活；在干旱的环境中，食物稀少而且相隔甚远，为了觅食，它的感官被磨砺得敏锐无比。像秃鹫（另一种生活在贫瘠地域的食腐动物）一样，它的嗅觉非凡。这就是这些蛞蝓演化的背景。在这些极端气候条件中间，只有几周的湿季，但是，只有那时蛞蝓才可以在四周自由活动，找到能与之交配的配偶。伊恩告诉我："现在，带上这些蛞蝓中的一只，把它放到温和而潮湿的国家，你就会看到问题。"在英国，交配所需的要素随处可及：潮湿的天气，以及帮助身体发育的充足的食物。实际上，许多本土掠食者明显避开西班牙蛞蝓坚实的卵（太黏了），这就意味着蛞蝓宝宝长成成年蛞蝓的比例高，当然也意味着日后可能有更多的交配行为。"让问题变得更糟的是，只需一只蛞蝓就可以引发所有这一切。"伊恩又从文档中抽出一沓照片，"作为自我授精的雌雄同体的物种，它们能从一株盆栽植物的边缘拓展出路，从一个个体发展出整个种群。"它是一种放荡的、自我授精的、挥舞着前端粗大战斧 * 的蛞蝓，按照伊恩的理

---

* 比喻西班牙蛞蝓的生殖器。

论，它正变成你的邻居。

此时我和伊恩开了个小玩笑，只是为了掩饰我对新的世界秩序即将来临的恐惧感——在那个世界里，被大蒜熏昏头脑的蛞蝓就在我们鼻子底下，从猫那里偷食物。伊恩让我放松了下来。"我想我们也许能做点什么，我们刚刚弄明白有什么因素可能会起作用。"可以确定的是，性是问题的关键，但是，控制它们的性活动真的可行吗？伊恩的反应很快。"一旦它们进入状态，你就无法阻止它们了，真的。"他像政治家一样，把双手紧握在一起，"它们就在那里，我们永远无法完全控制它们，但是，在这种蛞蝓成灾的地方，我们不得不找方法处理它们。"那会是什么方法呢？"那就是我们致力于要找到的。"伊恩答道。交配舞台将是关键。

阻止蛞蝓交配的传统技术是有效的，但是，可能会带来副作用。比如，喷洒软体动物灭杀剂（灭螺毒药）后，药剂会进入水系，杀灭本土蜗牛（还有可能造成藻类暴发）。同样，过去花园灭杀蛞蝓的小药丸和青蛙的死息息相关。另一个办法是引入寄生线虫，以铲除像蜗牛这样不受欢迎的无脊椎动物，但这种方法是否适用于西班牙蛞蝓，目前尚不明确。（对于这些"蠕虫"来说，这看起来是非常强悍的方法。）

对此类需要加以控制的动物，我们应该采取怎样的措施？在过去十年中，答案变得越来越明显。现在，比以往任何时候都明确，科学家们准备的"火炮"将目标对准了性。过去用于阻止有害生物性活动的技术中，最常用的一种就是培养不育的雄性并将它们放到野外的种群里。这是个有趣的想法。你让种群中充斥大量不育的雄性，然后就会观察到不育的雄性与雌性交配，雌性则会产下无效的卵，最终促使种群数量急剧下跌。这种技术在作为害虫的蚊子身上用过，而且用了不止一两次，而是很多次。理论上，这个方法听起来很了不起，还没有别的物种在交叉火力中中枪。不过，缺点是在实际操作中，效果可能不大持久——当成功繁殖的雌性卷土而来时，人们不得不再次借助不育的雄性。基本上，这只是权宜之计而已。

信息素也许是科学家用于阻止外来物种入侵的另一种工具。例如，美国科学家一直在尝试"7α，12α，$24-$三羟基$-5\alpha-$胆烷基-3羰基$-24-$硫酸酯"，这个读起来超级拗口的东西实际上是一种人工合成的性信息素，用它可以把雌性寄生七鳃鳗引到以信息素为诱饵的笼子里，在笼子里，它们就不会生育、繁殖了，也不会吸其他（更漂亮的）野生鱼类的血了。如果实验成功，这将给北美五大湖区的渔民们带来好消息，因为许多渔民很讨厌看到钓上来的鱼身上挂着一条寄生七鳃鳗，当然，这也将给湖区里的鱼，尤其是湖红点鲑带来福音，因为 20 世纪 30 到 40 年代人们意外将七鳃鳗引入湖区，导致原先居于食物链顶端的湖红点鲑数量急剧下降。

我问伊恩："信息素可以作用于西班牙蛞蝓吗？"他答道："不确定……你知道，我们现在谈论的是雌雄同体的物种，情况比较复杂。"这就是为什么要对交配场所进行研究。伊恩的项目要研究蛞蝓的基因，以及它们如何生育，从而找到控制它们生育的办法。蛞蝓的性舞台将是这个项目的关键部分。

我选择了在这个时候向伊恩坦白：我曾想象他实验室的每个角落都是这样的性舞台——大大的塑料"角斗场"，两边都有入口，一个口让雄性进入，另一个口让雌性进入——周围站满一圈科学家，观察并沙沙地记着笔记；我还想象伊恩像恺撒大帝一样坐着，监督着一切。但是，咳，没有这样的景象。现实中的性舞台原来只不过是个塑料托盘（至少对无脊椎动物来说是这样），上面零星散布着供它们觅食和藏身的小物件。对蛞蝓而言可能就是这样了。

我们的对话从阻止动物（西班牙蛞蝓）交配的技术转到鼓励动物（植狡蛛）交配的技术，我们谈到了曾经设置在这里的供植狡蛛交配的性舞台。伊恩描述的这些舞台听起来相当简单，他告诉我，植狡蛛生活的容器装了一半的水，里面有几个朝上的塑料管，旁边还有一些池塘里的水生植物，就这些。伊恩说："在我的记忆中，让植狡蛛生育花了一点时间。我们为了找到让雄性和雌性都满意的环境，起初做了一点试验，还出了一些差错。"当想不起所有细节的时候，他对自己有点失望。"我们意识到真正重要的似乎是要给雄性留出空间，给他们时间去找到好的处所，以便在水面上敲打出鼓点节奏。"啊，鼓点节奏，我想起了在A11公路路侧停车带上看过的视频，雌性植狡蛛把前腿放在水里，感知雄性植狡蛛在水面上发出的鼓点般的震动——最初，雌性植狡蛛利用这些震颤来监测雄性植狡蛛的求爱。

伊恩说："当雌性接近雄性，而雄性把雌性翻过来的时候，我们就知道快要成功了。"他在脑海中重新体验了这一幕。"我记得这部分总是发生得相当快。"

下一环节就不快了。尽管在性舞台这个交配场所产卵很容易，但是进入下一个阶段有一点困难。有时，没有什么明显的原因，雌性会丢弃卵，或卵会神秘地不孵化。这些是暂时的问题，是几年来要用实验方法修补解决的问题。据伊恩说，从植狡蛛性舞台所学到的有关植狡蛛性的经验教训来自约翰·英尼斯中心。（科学家们现在期待让一批给定的卵中 90% 都孵化出植狡蛛幼蛛——真是惊人的数字。）

此刻，伊恩郑重地给了我一个建议。"朱尔斯，如果你打算写植狡蛛，那么你需要和海伦·史密斯（Helen Smith）谈谈。她组织统领这整个项目，如果没有她，我们将对植狡蛛一无所知，而且，整个重新引入原栖息地的过程就会如履薄冰。"

在和伊恩握手道别之前，我及时做了笔记。我祝愿他的西班牙蛞蝓项目顺利，然后朝我的车走去，并在穿过停车场的路上一路驻足检查见到的每一只蛞蝓。

那天晚上，我按照伊恩给的线索与海伦联系，试图更多地了解最近引起我兴趣的东西。

* * *

让自己沉浸在动物性生活的课题中整整 10 个月后，我开始领会到最好、最有经验的动物学家都是很难通过电话接上头的人。他们也许正在地下室操作一台核磁共振扫描仪，或在秘鲁最黑暗、最深的地方，或在潜艇里。他们才是你想要找的科学家，他们的话经常被人引用，是最具权威的声音。嗯，要联络上海伦·史密斯，就像这样也有点难。

她大部分时间在沼泽地带，那里天空广袤，手机信号很弱，真的很难联络到她。好不容易几番电话交谈后，我们终于约好了见面，在最佳、最精彩的环境中见面——在那里要把圈养繁殖的植狡蛛宝宝释放回野外。我都快控制不住我自己了。

伊恩说得完全正确，海伦·史密斯的确是一个完整的植狡蛛繁育成功的故事中不可或缺的部分，每一个行动似乎都以她为中心而展开。如果不和她谈，你是根本不会知道这一点的。海伦回避这样的赞扬，说这是一个合作项目，涉及好几百人和组织（包括十几个英国动物园，这些动物园现在每年都会照料人工养育的植狡蛛幼蛛）。

她的故事，以及"捕获-繁育"项目的早期故事都值得讲述，主要因为这一切的开始极其简陋——始于海伦的厨房。她在早先的一封邮件里告诉我："我在家里养蜘蛛，这给了我在它们的繁育季从早到晚观察它们的特权。我因此得以一步步地观察和记录它们从求偶、修筑奇妙的丝卵囊，到幼蛛最终出现的整个过程——所有这一切在野外都很罕见。"

她告诉我，将这样小小的幼蛛养大很困难，特别是要让每一只幼蛛都能吃到苍蝇。"整个夏天我大部分时间都在堆肥箱四周，在马粪堆上挥舞网兜，就为了让蜘蛛吃上小苍蝇——那可是我的全职工作。"

一旦对蜘蛛的性生活有了更深入的了解，捕捉饲养及繁育就可以进行了，放归项目现在已经全面启动。在我写这些文字的时候，萨福克和诺福克有三个新的点已经进行了植狡蛛的放归。在此基础上，再去实地调查，并监控"育儿网"（孵卵的雌性织的网格很密的网，幼蛛们在分散开去独立生活之前，在这里寻求庇护）。

我最终"逮"到海伦时，是在一个较新的放归点的停车场上，那里是皇家鸟类保护学会（RSPB）*的保护区，位于诺福克郡的斯川普沙沼

---

* 全称为 The Royal Society for the Protection of Birds。

泽（Strumpshaw Fen）。那天是幼蛛放归日，我们在停车场闲聊时，海伦打开了她汽车的后备厢，让我检视她珍贵的货品——三个装满了试管的大塑料桶，每个试管里单独装有一只蜘蛛。看到这一幕，我有点震惊。一定有 1500 只蜘蛛。我觉得浑身稍微有点发痒。尽管它们只不过是蜘蛛宝宝，但它们比我想象的要大，身体的尺寸大约相当于一只瓢虫（踩着高跷的瓢虫）的大小。它们看起来很柔软，不像甲虫那样有角或有外甲，也不像园蛛那样布满锯齿。温和、轻巧，几乎充满了水（我猜它们差不多是这样的），稍微带点天鹅绒般柔软的质地。和之前我看的视频上的雌蛛一样，它们身上有蜡质的绒毛，好似海狸或海獭。它们几乎全都泰然自若地待在试管里，耐心地等着命运的降临。

　　海伦概述了当天的计划，相当简单：找到放归地点，在放归点内找到适合栖息的小环境，打开每个试管，当小蜘蛛准备好时，它们会自己出来。我之前想的是我们要把它们从试管里抖出来，但是，不是这样的：海伦告诉我，我们只要打开盖子，它们自己会选择什么时候出来（海伦一两天后会回来取空的试管）。海伦打趣地告诉我，我应该带一两张纸巾来：显然，像我这样的新人有时候很容易被这样的氛围所感染而感动流泪。我紧张地大笑了起来，不知道是否当真。我问海伦："那么多年后，你依然会为此而感动吗？"海伦装作不在乎地说："我过去常常会。尤其是头几年，在厨房里养了这些小蜘蛛，那么宠爱它们，全都一只一只地单独喂，然后把它们带出去，放归到野外某个像这样的地方……"她停了一下，"我想我心里会这样认为：哎呀，我的宝宝离开了！"我大笑起来，"你现在还有这样的感觉吗？"她慢慢思量了一会儿："现在在新放归点看到育儿网，我会感觉到，这是新蜘蛛在野外繁育的象征。这就是一切，这就是最终产品。"

对放归活动的后续进展，海伦持乐观态度。三个放归点都出现了新的育儿网，且数量鼓舞人心，但她对此持谨慎的态度，以免过于自信。"在这个阶段，一切都比我期望的要好。"这是我能从她那里听到的最积极的话。海伦知道像这样的项目还任重而道远，尤其是遇到像洪水或海堤决口这样的极端事件，工作会大受挫折。不过，到目前为止，进展看起来依然不错。

我们开始往保护区进发，走了一小段之后，到了放归点——一片被沟渠封锁的杂草丛生的田地。每条沟里的水清澈见底，大群的豉甲被秋日突然露脸的太阳逼疯了，兴奋地打着转。水凤梨棕色的尖儿从水面突出来，为路过的豆娘、石蛾和笨拙的蜻蜓提供了方便停靠的栖木。把装满蜘蛛试管的盒子放下后，我转身见到了蒂姆·斯特拉德威克（Tim Strudwick），他是皇家保护鸟类学会在这个保护点的管理者。蒂姆是个友善的小伙子，很显然，他为这个站点能作为放归这些声名显赫的蜘蛛的主场而非常自豪。接着，我们就开始工作了。我们取下盖子，小心翼翼地把幼蛛宝宝放到新世界，也就是这条位于诺福克中部的沟里。就这样，几个小时不知不觉过去了。令人吃惊的是——至少是让我吃惊——每只蜘蛛都显现出自己的个性。当盖子打开后，一些幼蛛拒绝挪动，仍在试管里湿润的环境中幸福而安全地待着；有一些则完全不同——它们小心谨慎地靠近试管口边缘，突然停下来，评估一下生活于外面广阔荒野世界中的相对风险；还有一两只幼蛛迅速爬出试管，蹦蹦跳跳地从灌木的枯叶下面跑向河岸边，冲向旷野开始它们的新生活。它们中大多数会夭折，只有少数可以幸存……接着，明年夏天，如果一切

　　　　　　　　　　　地球上的性——动物繁殖那些事

顺利，它们会产卵繁殖。

和之前放归的幼蛛有关的性的证据，在野外随处可见。一路上，我们看见许多植狡蛛空空如也的育儿网，幼蛛走了，现在母亲也死了。育儿网在秋天低垂的阳光下闪烁发光，像体育馆高举的火炬，而沟渠就是它们的体育馆，它们新的性舞台。成为放归活动的成员感觉很好，哪怕只是几个小时。我没有感动（首先，我没有纸巾），但是，我自始至终废话连篇地感谢海伦和蒂姆。又过了一个小时，我们就完工了。之前装满幼蛛和试管的箱子，现在只剩下试管盖了。成百上千的试管盖子。该回去了。

就在我们准备要走的时候，我听到轻微的喘息声。蒂姆和海伦拿出近焦距双筒望远镜，窥看貌似空荡荡的育儿网。"那里——你看见了吗？"我没看到。我凑得更近，让我的眼睛重新聚焦。没有。海伦把她的望远镜递给我，迎面扑来的是让人震惊的图景——我看到的第一只野生成年植狡蛛，一只暮年雌性，正坐在她的育儿网上。她看起来威严无比，迎着风，像一个征服一切的英雄（我猜她就是）。海伦不动声色地说："她有可能快要死了。"幼蛛躲在雌蛛为它们编织的育儿网的深处，在雌蛛下面聚成一堆。难以相信这只雌蛛是在动物园长大的，是实验室的产物。然而，她就在那里，她生命中的使命完成了，她的宝宝们踏上了完全野性的道路，朝着自己的性生活前行。那里有野生环境下的性，有自然保护主义者曾希冀、曾梦想过的一切。

就在那一刻，我明白了为什么海伦和她的同事们觉得这一切让人有些感动。在整个幼年期为它们付出了这么多以后，把上千只这样的蜘蛛放归野外，这出奇地感人，您同意吗？它们是蜘蛛，这个事实突然变得不重要了。生命的壮美不在于是什么物种，而在于生命的旅程本身。这些蜘蛛不是大自然精心安排的性行为孕育的产物，而是由长相搞笑的灵长类动物缔造的。这些如海伦和伊恩这样的灵长类动物，他们热爱生命，并缔造了有爱或具有某种爱的特性（希望如此）的生命。确切地说，他们缔造了1500个生命体——还有多少生命会被他们催生出来？

　　我不知道你对野生动物保护是什么感觉，会不会质疑那些钱是否花得值当。我猜你也许和我一样，经常会这么想。但是，10月份的拜访向我展示了诗意的自然保护工作的具体环节。性，是拯救或杀光某个物种的底线和等价物。在人工饲养环境里，性是受政府调控的。野生动物的性则处于自由市场。和经济学所描述的一样，性活动的上下波动是参与者共同作用的结果——一些动物像那些植狡蛛，它们行动敏捷又充满活力，且适应性更强，似乎成了自然保护中的楷模；另一些像大熊猫，它们行动迟缓，总是处于慵懒的状态，则需要持续几十年，甚或更久的财政补助。像本章开头的水鼠一样，性永远是所有生态或生物理论模型的经济基础：一个永不终止的经济繁荣与萧条的交替循环，这个循环由可获得的资源和资源的稳定性所调控，而且越来越受到人类的控制影响。繁荣，萧条，繁荣，萧条……

第十四章　我的化学浪漫

它们像石头一样坠落，在接近冷杉树顶时突然张开了翅膀，呈现出鸟的形态，如飞絮般轻盈，被暴风裹挟而去，从我的视线中消失，速度比来时还要快。

——康拉德·洛伦茨，《所罗门王的戒指》

一大早，我又坐在了车里。尽管起床的闹钟往后调了一个小时，我还是处于迷糊状态，两杯黑咖啡都没起作用。太阳几乎还没从 11 月云层斑驳的天空中升起，但当它出现的时刻来临时，它会突然一下子升起来。嘭！有东西撞到保险杠上了，我从后视镜中看到一只大黑鸟躺在路中央，疯狂地颤抖、翻滚着，像一个被风吹得四处翻滚的垃圾袋。"糟了！"我心想。我把车停了下来。我走出来，沿着路边走，眼前的景象让我感到恐怖，极其不舒服。那是一只快要死了的寒鸦。我的老天。遇到这样的情形，我突然不知道该做些什么。我该带它回家，想办法照顾它直到它恢复健康，还是就此结束它的痛苦？如果要结束它的生命，我该怎样做？我静静地站在那里，悲恸浮现于脸上。几辆车从我身边开过，毫无疑问，车上的人一定在奇怪我到底在做什么。接着，就在那一刻，我注意到了别的东西，让我深感忧虑的东西。

那只半死的寒鸦还有一个伴，一只活的寒鸦，它跳出了灌丛，紧张地往前跳，微微地抬起头，一边看着它的伴侣，一边用宝石般的眼睛关注我的一举一动。那只受伤的寒鸦发出几声粗哑的鸣声，好似临近最后几口气一般。这就是这濒临死亡的鸟儿可能看到的最后一幕：它一生的伴侣，站在那里，仰着头，仿佛在细细品味要独自面对未来这个想法。健康的寒鸦走近前来，审视它那倒在地上的伴侣，咯咯地低鸣几声，接着，一切都结束了。眼前不知从哪里冲出来一辆车，呼啸着结束了那只垂死鸟儿的生命。随着那车消失在拐角，有那么一刻，我和那只活鸟站在一起。一言不发，我们盯着死鸟的尸体。

现在，我知道你在想什么。我觉得我有点傻，对这只寒鸦赋予了只有我才有可能感受到的人类的感情。当然，我们永远都无法知道它真正的感受，但是我很好奇，将来是否有一天我们能够对动物的情感知道得更多一些，能更进一步用科学语言描述动物相互之间的感情。事后，我在周围徘徊了一会儿，想等着看那只没有了伴侣的幸存者会怎样。但实际上相当困难，它躲进了灌丛中，拒绝出来。至少得等我回到车里，它才会出来吧。我侧身倒退，离开了案发现场。我坐在车上，从后视镜中看到这只寒鸦走出来查看它死去的伴侣，那也许是它已经同巢很多年的伴侣了，它们曾一起教自己的孩子们如何飞翔、盘旋和爬升。我不可避免地问我自己："它知道爱吗？"

你可以对此不屑一顾，因为我竟然为了一只死去的寒鸦，浑身浸染了哀伤。毕竟，人类会失去伴侣、孩子、朋友和家人——我们会挨饿，我们会生病，我们会被欺凌，我们会受到不公正的监禁，我们会在战争

中死亡。难道我们不应该把哀伤留给我们的同类吗？毕竟，我们可以确切地感受到这种痛苦，也能理解这种痛苦。是的，我大致同意你的说法。但是，那些寒鸦有点不同，它们神秘、不为人知，也很难理解。康拉德·洛伦茨花了很多年时间研究住在他位于奥地利的庄园里的寒鸦。我开始意识到它们的吸引力了。也许洛伦茨发现了什么……

最近几年，我成了寒鸦的超级粉丝。从我们卧室窗户往外看，在视野范围内，今年有 7 个巢；还有 1 个在听觉范围内（我们的烟囱里有 1 个），同一对寒鸦（我认为）每年都在那里筑巢。每年春天，我都能察觉到树枝落到巢穴上的声音，就好像有人在卧室墙后揉装薯片的袋子。

寒鸦这种鸟让人着迷，除了因为它们的家庭模式是一夫一妻制外，还有好多原因。在本书中，我很少使用一夫一妻制这个术语，主要因为这样的繁殖策略不是如你想的那样，它原本不大可能在地球上出现。它非常罕见。很浪费。对于大多数生物来说这样做没道理。但是，寒鸦喜欢这样，而且，它们还正儿八经地实行一夫一妻制。它们是**一夫一妻制**，真正在性方面的一夫一妻制，或者说，还从来没有人证明它们不是完全一夫一妻制的。没发现有配偶外交配的证据或类似可疑的事情发生。完全没有。雄性和雌性配对，多年一直保持忠诚。就这样，没其他的了。自此后幸福相守。它们一起筑巢，一起养育后代，一起觅食，在寒冷的月份一起依偎在窝里。现在它们有可能是你方圆 100 米内性生活最忠诚的动物。就为这一点，出于你对一夫一妻制的感觉，它们值得你心怀最深的敬意。

洛伦茨对寒鸦的情有独钟充满传奇色彩。他最早披露寒鸦拥有智能，比如，它们像猿猴一样有线性的层级结构。洛伦茨赞赏它们学东西快，它们可以把诸如害怕什么、害怕谁这样的信息传递给后代。自那时起，我们在它们身上发现了更多有意思的东西。有证据表明，寒鸦拥有一种"理论头脑"（一种复杂的思想，可以归纳为"我认为你认为 x 是 y"这样的句子）。其他证据甚至暗示寒鸦可能有意识，这种意识隐含于它们展现的各式各样意象不明的优雅姿态中。不管怎样，至少许多研究寒鸦（和其他鸦科鸟类）的人把它们称作"长羽毛的猿"，可见它们的确是有头脑的鸟类。

对于一种认知如此先进、一夫一妻的动物，这时提出有关它们爱情的问题似乎很合理。"爱情？"你会惊讶我竟然胆敢兴奋地提出这个问题。"是的，就是爱情！"现在你也许对此感到不安。毕竟这是一本科学读物，而科学是这样一种思维方式，它认为真理是可以测量的，并以此为傲。对于大多数人来说，爱情是不可测量的；就算恋爱中的人也无法找到语言来表述爱情的量。几个世纪以来哲学家、诗人、音乐家以及学者们纠结、思考要给它定性。你也许会问："在生物学中它处于什么位置？"我要说，如今它所占的位置比以往更重要。爱具有适应性，毕竟爱情把配偶维系在一起（哪怕只是很短的时间），并影响受其作用的个体的繁殖数量。而且，听起来有些古怪，爱情也是可以被测量的。

要让科学家在爱情上取得共识，需要基于爱情对人类身体的作用给出一个可定义和测量的对象。让科学家们取得共识的是激素，这是可测量的。

现在，你有可能对这个想法感到不舒服。我自己也是这种感觉。因为，如果你曾经恋爱过，以这样的方式提到爱情就意味着它是拜化学所赐，而这有贬低你情感的意味，它暗示你与伴侣最幸福、最激情的邂逅只不过是被化学分子搅晕了头脑而产生的现象。但是本质就是如此。

我们对爱情的理解虽然因人而异，但还是能就我们热恋时表现出的行为和情感的共性达成一致。如果要对外星人解释什么是情感的话，我会这么说：待在你喜欢的人旁边让你感觉很好。他占据了你的思想，你渴望他的触摸，哪怕只是擦肩而过。这感觉很好。在你的生命中，你几乎无时无刻不在想念他。想到他和别人在一起，你会伤心。你绞尽脑汁地计划、密谋想要成为他生活中更重要的一部分，哪怕你知道不大可行。

如果你恋爱过，我想你可能至少会理解上述的一个句子或对其产生共鸣。在我 17 岁的时候，爱情敲碎了我灵魂的挡风玻璃，让爱情之风迎面袭来，吹遍我的全身，让我夜不成眠、口干舌燥。我陶醉其中，忘乎所以。在为期六个月的时间里，如果有一位灵长类观察者对我的常规行为占用的时间进行采样的话（在我的房间里修一个隐蔽哨），他会得出如下数据：1. 打电话的时间：上升 500%；2. 写东西（潦草地涂写）的时间：上升 700%；3. 做仰卧起坐的时间：上升 500%；4. 检查头发的时间：上升 400%；5. 做作业的时间：下降 600%。

她似乎占据了我清醒时的每一个念头，为了更靠近她，我重组了自己的整个社交群。甚至没费多少劲，我就知道哪些天、哪些时刻我们也许会在学校的走廊相遇。我渴望她的气息，或拉一拉她的小手，甚至想长久地亲吻她，用放映整整一部《侏罗纪公园 2》那么长的时间。这根本就不是我。我喜欢《侏罗纪公园 2》。我变成了另一个人。我被感染了，说得确切些是我被爱情感染了。我现在依然处于爱恋中（依旧是同一个女人），但是……之前那种感觉真的很神奇，它的威力强大，实际上，我曾经一度不吃东西，被爱情击中，害相思病，病倒了。

也许你还记得你自己的这些感情吧？我相信你一定记得。让我觉得好笑的是，人们以为这是一种文化现象，是西方的发明。好像是文化让你做如此愚蠢的事情，让你发狂，让你如此强烈地感知事物。文化可以魔法般地变出激素，同时，不论处于什么境况下，都能让你的生殖器感到愉悦。不，我不认可这种说法。爱情比这要更深邃，不是你想象出来的或从他人那里复制来的。此外，与爱情相关联的许多感情在人类中具有普遍性。

当我们坠入爱河，我们所有人都在激素水平上展示出可预测的、生理上可观测到的变化。在这些于爱情初期阶段经由身体系统散布的调节心情的激素鸡尾酒中，你也许听说过一种化学物质——催产素，也就是所谓的"爱情分子"。几乎有 10 年时间，催产素一直被媒体吹捧为一种神药——我们拥抱、亲吻、拉手、爱抚、做爱和达到性高潮时分泌的一种化学物质。据说，它让你感觉很好，它是一种社交兴奋剂，一种我们渴求的化学物质——一种鼓励盲目社交和将两个个体维系在一起的奖励机制或化学方法。催产素由下丘脑分泌，它确实是爱情的化学鸡尾酒中威力无比的成分。当我们的性欲被唤起时，催产素分泌会激增。催产素还在女性生殖系统中发挥作用，尤其是在生产和母乳喂养过程中（在其他与此相关的活动中催产素亦具有适应性优势）。尽管目前我们还不清楚催产素通过哪个确切的机制起作用（只看新闻标题你是根本猜不到的），但是我们可以确定地说，当我们感知到爱这种情感时，实际上是我们大脑分泌的一系列神经激素中的一种在起作用。看被爱情魔咒挑逗的人的大脑核磁共振扫描图，你可以看到与情感和奖励有关的大脑区域像圣诞树一样被点亮，随着血液流动，激素在起作用。

血清素是另一种有趣的成分，不过，当爱情控制我们的时候，这种神经激素不上升反而下降，降到了强迫性精神障碍症患者常见的水平，这也许并不令人吃惊，毕竟，爱情导致专心致志，别无他能。

让我们看看别的动物。这些化学物质如果出现在其他动物的大脑中，它们能否告诉我们在动物王国中也隐藏着爱情？预测是，是的，有爱情；尽管"可能有"是个更安全的词。

一个闹得满城风雨的科学"催产素演化"案例就是橙腹草原田鼠。橙腹草原田鼠是一种小型啮齿类动物，北美许多草地上的居民，它看起来和其他田鼠非常像，但是，它引起了科学家们极大的兴趣，因为，像寒鸦一样，它是终身固定配偶的物种，尽管的确偶有婚外性交发生。一般情况下，它们与终身伴侣依偎在一起，它们相互理毛，共居一穴，一起养育幼崽，它们是哺乳类中屈指可数的这样做的（哺乳类与鸟类不同，不太遵循一夫一妻制）。

那它们的大脑呢？当它们恋爱时，和我们一样充满了激素吗？有趣的是，可预测且轰动的答案是：是的。它们大脑里有催产素和其他神经激素（叫作升压素），在交配以及其他亲密活动过程中以恰当的比例涌现。就像我们一样，橙腹草原田鼠爱的行为由大脑奖励促进。靠近一只适宜做配偶的异性，你的大脑除了用化学方程式告诉你"棒极了：奖励来了"，还轻轻地拍你的头表示赞许。像围着饼干桶转的狗一样，雄性和雌性相互吸引。在橙腹草原田鼠中，出现了一夫一妻制。

还不相信化学物质是关键？听听这个。一些研究中，科学家们设法人工控制了橙腹草原田鼠的大脑，以便弄明白，一旦爱情化学鸡尾酒配方被调整后，它们的行为会发生什么变化，比如，阻断了升压素的吸收，会产生什么后果。结果呢？几乎让人爆笑：橙腹草原田鼠（几乎）等同于"花心鼠"，换言之，对一夫一妻不感兴趣了。

我听到你问，这和人类的爱情像吗？不是的，这和字面上的爱情不一样。但是……它确实值得重视，它具有成瘾性，它有吸引力，它可以给予那些橙腹草原田鼠能理解的回报。这些确实看起来很熟悉，我猜你会说，它有许多爱的特征。

不过，也许更重要的问题是，为什么动物有时会演化出一夫一妻制的奖赏系统，别忘了，理查德·道金斯（Richard Dawkins）的"自私的基因"，痴迷于把自己传播得更远更广，为什么它会青睐一种表面上看起来与传播概念相反的策略？如果基因是你的货币，在什么情形下你会把它花在与同一个伴侣夜复一夜地在家里？如果你有腿，为什么不出去把你的基因种子撒在别处？可以确定地说，从基因层面上来说，你会损失很大。

那么，为什么是一夫一妻制？对于这个问题，看起来诚实的回答是这样的：一夫一妻制是没有回报的，毕竟它不是常态的。对于地球上形成的几乎每一种动物来说，一夫一妻制都是演化的死胡同，根本行不通。可以肯定的是，一些动物也许会在其中试水，但是，大部分将最终失败。"花心鼠"（无论雌雄）的基因将胜出，在谋略上战胜你，而最终消灭你。无论是在字面意义上还是象征意义上，他们会把孩子丢给你（让你替他们养孩子）——你的基因投资浪费了，被埋没了。

那么为什么还要出现一夫一妻制呢？坦率地说，因为别无选择。一夫一妻制倾向于在需要父母双方参与才能成功养育后代的物种中出现，如果有一方推卸责任，到别处寻求交配的机会，那么后代就会死掉，与之一道消失的还有四处调情的基因。对于这些物种来说，一夫一妻制成了唯一的选择，促进一夫一妻制的基因成为唯一繁荣昌盛的基因（还包括那些为一夫一妻制提供的奖励系统，如，爱）。这是一个廉价、粗俗却受欢迎的描述，但它解释了为什么一夫一妻制会在生命之树上突然出现。科学家们还会不断给出促成一夫一妻制出现的因素。

最近几个月里，有两篇关于一夫一妻制演化的论文提供了新理论，分析什么可能是演化背后的驱动力。其中一篇用得体的语言说，当雌性广泛栖息于雄性周边时，一夫一妻制就突然出现了，因为雄性不能演化出同时应对一个以上雌性的能力。结果是，（从适应的角度来说）鼓励雄性待在一个雌性近旁，而不是四处乱跑追逐雌性；只有当它们不在的时候，配偶才会给它们"戴绿帽子"。如果你不想被戴绿帽子，根据这个理论，那就待得近一些（我想，这就是第十二章中的"非共栖性"老鼠以某种方式追求的）。另一篇文章只讨论了灵长类，并提出假设：一夫一妻制是限制杀婴行为的一种方法。杀婴行为特指，当父亲离开，试图在别处播撒种子的时候（多数情况下是这样），外来入侵雄性杀死其后代的行为。这种情况下，每一个个体都会选择待在家中，因为他们害怕自己宝贵的基因被一个带有杀戮欲的性竞争者所消灭。

重要的是，这两个理论不必相互排斥——其中一个成立，或两个都成立，或两个都不成立，都是行得通的。而且，灵长类演化出一夫一妻制，其背后的作用因素，也许并不是促成寒鸦或橙腹草原田鼠一夫一妻制的原因。

尽管一夫一妻制牵涉这样或那样的基因上的风险，但它还是奇迹般地出现了。在众多物种中，确实零星存在着一夫一妻制。动物王国中一夫一妻制的例子在教科书中到处可见，其中有一些例子很有名，并受到正直善良的人们（正确或错误的）崇拜。其中最著名的是《帝企鹅日记》，这部获奥斯卡奖的纪录片，得到各种古怪影评人的推崇，因为它们向人类展示了一夫一妻制难得的好处；但人们却忽视了帝企鹅通常每年都要换一个伴侣的事实。

　　在其他著名的一夫一妻制动物中有一种羚羊，叫作柯氏犬羚，雄性与雌性结成牢固的一对，在非洲东部和南部中心地带漫游。为什么一夫一妻制对它们来说似乎行得通？一些人认为雄性在雌性的近旁，可以遮住雌性的气味，以免传到其他雄性那里。但是，实际上这个说法也没有得到确认。

　　一夫一妻制的鱼类包括黑带娇丽鱼（convict cichlid）*，这个种的雄性和雌性在湖底的石缝中一起抚育后代，以免被猎食者捕食，并防御入侵的竞争对手。也许这些裂缝是自然的性建筑，防止第三者进入的堡垒？对于这个问题，我们也还在等待答案。

　　爬行动物中，最著名的具有争议的一夫一妻制动物是松果石龙子（shingle-backed skink，通常称为松果蜥）。这些体形大、懒散的爬行类，形体像坦克。在内陆经常能看到它们动作迟缓地成对爬行，臀部几乎快连在一起了。一个追踪观察松果石龙子长达 5 年的项目指出，只有 18% 的雄性与不是他配偶的雌性交配。对于实行一夫一妻制的人们来

---

* 又名九间始丽鱼。

说，这是令人钦佩的数据；对于实行一夫一妻制的爬行动物而言，更是如此。那么，这些蜥蜴从中得到了什么好处？一种理论认为，多一双眼睛防备猎食者，让怀孕的雌性松果石龙子从中获益。那雄性呢？也许雄性得到的好处在于：他保护配偶生下的拥有它们共同基因的后代不被吃掉。这样，双方都是赢家。

鸟类中，最著名的施行一夫一妻制的也许要数信天翁。配对的伴侣在海上经历长达数月的考验，之后数年、数十年过去了，双方还能明显处于满意状态。它们施行一夫一妻制的原因很简单：在悬崖顶上，空中的猎食者和竞争者都在周围，你的后代随时有落入"虎口"的风险，得有人看着孩子，因此成年鸟得轮流值守，这样就只有一夫一妻制才行得通。不过即使这里也会出现婚外交配，只是比在其他"社会性一夫一妻制"的群体中更加罕见而已。

但是，"一夫一妻"这个词是个宽松的词语，因为它可以用于任何一生或者一季只与一个配偶交配的任何动物。按照这个宽泛的定义，一些昆虫也可以被认为是一夫一妻制的。比如说家蝇，这些夏天在厨房灯周围打转、晚上出现在你卧室、关灯前烦得你血压升高的家伙，也只与一个伴侣交配一次。

但是，寒鸦与上面我所列举的这些动物都不同，它们是性生活上实行一夫一妻制，而不是社会性的一夫一妻制，换言之，它们施行的是真正的一夫一妻制。它们一年到头与同一个配偶相守，是规规矩矩的一夫一妻。它们是真正的怪胎，一夫一妻制范围内的极端现象。即使有一天有人证明它们的确偶尔有婚外交配的情况（坦诚地说，我确信有可能有这样的情况），我也会很高兴看到我们继续赋予它们这个头衔：在性生活上超重量级的严格的一夫一妻制者。

那么，是时候提出最重要的问题了。是什么驱使寒鸦走上了这条奇特的演化道路呢？是什么使得它们成为严格实行一夫一妻制者？好吧，此刻你的猜测和我的一样，也许这与寒鸦的社会组织架构有关？或与它们强大、高智商、会质疑的大脑有关？还没人能确定，也许答案会让我们吃惊。

我写下这些文字的时候，距我撞到那只寒鸦已经过去三周了，我有点不好意思承认，在它的伴侣面前把它撞倒在地，那情景让我一直有隐隐作痛的伤感，偶尔脑海里还会再现那天的情形。我和鸟类专家谈过，也听过类似的故事，每次都会引发挥之不去的伤感。一夫一妻制的动物在路边被车轧死，在地球上再也没有比这更让人心碎的事了。

作为某种治疗方法，在这些专家的建议下，我选择开车去剑桥看动物王国里最伟大的爱情的体现者——他们是这样告诉我的。我决定去马丁利寒鸦栖（Madingley Jackdaw Roost）*朝圣，我不知道这个栖木在马丁利的具体位置，但是几乎每一个和我交谈过的人都说那是绝对不能错过的岁末景观。他们告诉我，你去那儿会看见成千上万只寒鸦，然后高高兴兴地回家。

马丁利是一个宜人的小村庄，到处都是精致的房子，还散布着写着"注意蟾蜍过街"的可爱路标。在搜寻空中的寒鸦时，还要留意蟾蜍，我竭力避免把车开到沟里或开进对向车道里。我开车转了 10 分钟、20 分钟，30 分钟左右后，我放弃了对寒鸦的搜寻。我把车停好，然后在街

---

* Madingley 为剑桥西南的一个小村庄。

上闲逛，希望某个时刻我会听到它们从头顶经过或看到它们驻足在伸出的树枝上。顶着刺骨的寒风，我拖着步子穿过无数的落叶堆，棕色的树叶和被丢弃许久的七叶树果实在我脚下咯吱作响。时光流逝，我从东往西穿过村庄，就在那儿，在远远的地方，透过A14道路嘈杂的交通噪声，我听到了它们的呼唤——寒鸦的叫声在空中回荡，尖厉刺耳。我赶紧往前奔去。

马丁利大厅坐落在村子的中心，里面有大片的草坪，大大的池塘。大厅如在环绕村子的森林里挖了个洞一样，形成一大片空旷地带。在那里我终于可以看见天空了。那儿，就在那儿，我终于看到了那天的第一批寒鸦，它们聚成一小队从头顶高高飞过，往西飞。我站着，头成90度，举目望天。3只，4只，9只，越来越多的寒鸦出现了，它们全都静静地往西移动，15只，25只，40只，出现了一群，接着，另一群，接着，还有更多。几分钟之后，我的脖子开始疼了，我继续凝视天空，嘴巴微微张开。出现了三小群，然后合并成更大的群。在红色的天空中，它们各自嘎嘎叫着，组合在一起成了50到60只的大群。接着我看出了一些规律，最让人惊讶的是：哪怕从下方隔这么远看，我也能看到有许多是成对飞行的，即便在一群里，也能隐约辨别出一些伴侣间（存在的）无形的纽带。这条纽带促使它们相互吸引，就好像在旋涡状星系中的双子星，只不过这个星系的天空是白色的，而由鸟形成的"星星"是黑色的。

寒鸦群一年到头聚集在一起，但是，当冬天的寒风来临，它们集群的行为上升到了一个新高度，数量之多让人瞠目结舌，有时会形成像马丁利那样的巨大栖木。尽管马丁利的栖木不是英国最大的，但是已经有几个世纪的历史了，几乎可以追溯到《末日审判书》*的时代。冬天的夜晚，多达 1 万只寒鸦出现在这里（为了这一特权，一些寒鸦飞了 150 英里）。在前往某个确定的栖息点之前，它们会花一个小时左右在黄昏时盘旋、打转、爬升并俯冲，而栖息点通常是西边的一片老龄林。它们在黄昏时聚集到主要的栖木上之前，数百只，有时乃至上千只寒鸦会在村子和周围的农田里形成预备群。然而此刻，在这个地方，地上和树上一只寒鸦都没有，我只能听到那些成双成对的寒鸦步调一致地拍打着翅膀集群从我头顶飞过时发出的微弱鸣声。

有人告诉我，尽管此时处于非繁殖期，它们也会小心地监控对方。它们的配对关系始终牢固。它们会密切注视对方，留心对方的需求。尽管离繁殖期还远得很，它们也会继续保持相互吸引。那个时刻还要等地球绕过太阳系半圈才能到来，但它们并不在乎太阳系的另一边。

寒鸦的爱情看起来就像这样吗？它们和橙腹草原田鼠一样吗？它们的大脑也像我们的一样会亮起来吗？它们和我们一样是"激素成瘾者"吗？就这些问题做了几个月的调研后，我碰巧找到了契合这些问题的论文，像关于一夫一妻制的论文一样，这些论文都是近期才发表的。结果和预期的一样有趣。对神经激素的依赖一度被认为是哺乳类独有的特征，科学家们现在认为他们也许已经在鸟类中，或准确地说，在斑胸草雀（一夫一妻制的）而不是寒鸦的大脑中，发现了类似的情况。（我们还可以期待有人打开寒鸦脑盖一探究竟。）根据研究结果，一个熟悉的故事在这些鸟类中上演。这篇文章称，发现了与配对有关的神经激素，

---

* *Domesday Book*，英国威廉一世于 1085—1086 年下令编撰的全国土地调查文册。由英国国王于 1086 年颁布。

而这与我们在哺乳类动物中所熟知的很像，与之有关的是一种叫作"类催产素"的具有奖赏功能的化合物，的确，如果你抑制鸟类的这种"类催产素"的生成，那么，如变魔法一般，斑胸草雀的行为，尤其是配对以及理毛（鸟类这个行为等同于你为你的伴侣梳头）受到了影响。和橙腹草原田鼠一样，这里涉及某种奖赏机制，也许同样的机制也在寒鸦身体里起到作用？也许那就是让一对寒鸦在一起的东西？

虽然还只是研究初期，但是大多数人都认为这个研究很有意思，也许可以让我们看到哺乳类和鸟类趋同演化的一种形式；也许涉及以情感奖赏一夫一妻行为的神经系统，而我们称这种感情为爱情（至少我是这么厚着脸皮认为的）。谁知道呢，也许寒鸦的恐龙祖先也知道这种情感？霸王龙会心痛？这个孩子气的想法足以让你内心感到羞愧。但也许科学将再一次粉碎其他基座：意识、心智的理论，还有爱情……

我走到村庄的边际，在遥远的田野那头，我终于看到了期待已久的场景。就在那儿，成百上千的寒鸦近在咫尺，它们分散栖息在树上，它们小跳、嬉戏、驻足、观望，这是到目前为止我见过的最大的预备栖木。一个群正在为飞往村子西边林地的大栖木做最后的准备。零星有几只会跳起来，在树枝间探身或晃晃悠悠地移动；一些打着转，一些乘着气流在树上高高盘旋；大多数静静地站着，百无聊赖。另一群寒鸦，大约有百只，驻足在田地中央，倒不真正有什么目的（大多数寒鸦似乎一天大部分时间都无所事事）。一些在边上的寒鸦，正在周围嬉戏，呱呱、哇哇地成群乱叫。天光减弱，它们黑色的身影变得像黑色电灯泡，等待着被点亮。在地上，一些好像是配对了。我爬上附近的门柱，暂时在上面落脚，有几分钟，我骗过了它们，我呼出来的雾气在脸前浓浓升起，被越来越凄厉的风刮走。

突然，在事先没有任何明显迹象的情况下，所有寒鸦——每一只——都飞了起来。几秒钟后，它们都在空中了。大概500只寒鸦在飞行，它们翻滚、摇摆着，仿佛在线绳上荡；它们高升，在微风中盘旋，作为一个整体，似乎要把自己固定在其中。接着，风似乎带走了每一只寒鸦，一只接一只，像降落伞离开飞机，它们向着远方飞去，随着它们一点点地远离，身影越来越小，那单调的喋喋不休也渐渐消退在即将到来的夜色中。我环顾天空，突然，它们又出现在我视线的周围，小群、大群、成双结对、四鸦组合——一对、一对、一对、又一对，太多了，数都数不过来了。数百只，数千只——它们叽叽喳喳，像咆哮的大海，振翅声从四面八方响起来，寒鸦全都往外飞，飞到它们冬天的栖木上，睡在一起。

我欣赏了10分钟双筒望远镜里的景象，哪怕屁股已经失去知觉，我依然坐在那个门柱上，任凭周围的天光黯淡下去。我竖起衣领，戴上连帽衫的帽子，手插在口袋里，笑逐颜开。仔细听，我依然能听到寒鸦的叫声，好似远方天际线传来的狂热的掌声。还有几只依然在头顶高空飞行，三三两两，像迷失方向的蜜蜂一样朝着地平线下飞去；有的像铁屑一样小，而落日正如磁石一般，把它们吸过去。没过多久，我在黑暗中闭着眼睛独自坐着，微笑不已。

还要过上几个月，这些寒鸦才会交配，不过，刚才，就在那儿，它们大多数都找到了忠诚的配偶。它们为冬天做好了准备，努力活得久一点，活到可以再次交配的季节。像我旅程中的很多故事一样，性，像一股看不见的力量（如重力，亦如磁力），它坐在幕后，安排地球众生——

我们所有人——的日常生活。

我怀疑如果我们再一次从几十亿年以前的单细胞开始生命的演化，忠贞的寒鸦也许不会在现代出现——语言、心智的理论和工具的使用也是如此，或许会更加罕见。真正的一夫一妻制，是最真实的爱转瞬即逝的表现，它源于生物对既不关心其生存又不关心其命运的宇宙的适应，但它碰巧展示了绝对忠贞的图景，哪怕只是暂时性的。我们人类欣赏并试图尝试这种生活模式，如果喜欢，我们就可以复制过来。现在我坐在门柱上，冬天降临了——我想不出比这更好的终点了，我们一路走来的这段熟悉的旅程要结束了。对于自私的基因，我们所能想到的最不可思议而又最具有想象力的表达是："唯有死亡才能将我们分离。"爱情，我们任何人都能体验到的最奇妙的感情，是一种意想不到的、充满惊喜的赞誉，来自一个似乎充斥着利己主义作风和权力斗争的星球；它还是一种只有少数几种动物——包括你我——知道的神奇的演化成果。洛伦茨说："秋风唱诵着自然之力。"这听起来多甜美啊。

尾声

我从大熊猫开始写这本书，或者换句话说，我从一只大熊猫的屁股开始写这本书。那是一年前的事，几乎一天不差。那个时候我是大熊猫的拥护者，对大熊猫在性方面很笨拙这一流行的说法感到不舒服，这激发我涉足动物性生活研究，现在，我们进入了尾声。

也许现在是时候向你透露点最新消息了，消息关乎你在故事开头读到的单色屁股的主人——住在爱丁堡动物园的甜甜。首先，我不能骗你，甜甜没有生产，至少今年没有大熊猫宝宝诞生；但是，有一阵子看起来确实很有希望。整个夏天有一两个月，这事变得好像每天上演的肥皂剧一般，在愈演愈烈的过程中，爱丁堡动物园通过一系列的新闻发布，声称采取了最正确的步骤。据报道，甜甜变得脾气暴躁（激素的作用？谁知道呢？），阳光采用了倒立的姿势，让他的气味传出去，为重头戏做好了准备，但是，接下来……什么都没有发生。唉！我之前（当我去看那些配种挣钱的马儿时）发布了由于我们还没有真正了解原因，甜甜今年不可能自然怀孕的消息。不过，专家们不能让她的繁殖力白白浪费了，她被麻醉并用解冻的精子人工授精，精子就来自她在动物园里的伴侣阳光和柏林动物园那只死去的大熊猫宝宝。媒体依然在继续"大熊猫辩论"，而且，性依然是辩论的核心。

在英国广播公司电视 2 台（BBC2）的《科学俱乐部》节目中，专家们争论道："给大熊猫塞上！""它们自己做不到！"他们嚷嚷道。在英国广播公司广播 4 频道（BBC Radio4）的《无限的猴子笼》节目中，另一个专家宣称："大熊猫活该灭绝——它们每 20 年左右才繁殖一次，而且，还要看它们的情绪好不好。"《每日邮报》里有一句毫无意义的话："大熊猫繁殖困难，是因为性欲低下以及不孕的问题。"（有 1200 个网站把这当作事实，复制、粘贴到自己的网页上。）《每日邮报》中另一篇文章说："众所周知这种动物很难繁殖，它们通常缺乏性欲，有时还会在生产后不久意外地把幼兽压死，导致野外种群数量下降。"你忍不住要叹气了。

有人为甜甜感到难过，他们说："以这样人为侵入性的方式受孕，感觉挺糟糕的，而这种方法后来还失败了，真让人难过。"还有人说："我们应该让它们有尊严地面对灭绝。"我纠结万分，现在也一样。对于大熊猫热爱者以及那些喜欢大熊猫马戏表演的人来说，动用触手可及的科技和多年研究获得的科学知识，"拯救濒危物种使其免于灭绝"，难道不对吗？我们掌握了让生物繁殖的专业知识，为什么不用呢？的确，这是一个伦理问题，事实上，几乎是个道德问题。无论当时还是此时，也就是说我在结束这段旅程并写下这些话语的时候，我都不确定这个问题是否有好的答案，我也无法给您提供答案。

在媒体围绕甜甜人工授精大肆报道期间，社交媒体上各种粗鄙的辩论沸沸扬扬。他们说："是时候让大自然跟这些生物说再见了，我们应该把稀缺的生态资源集中在那些至少能与你半路相遇 * 的物种身上！"（半路相遇？对于它们来说，遇到我们才是一生中遭遇的最糟糕的事情吧。）

您也许会问，甜甜受精后发生了什么？好吧，我来告诉你。有一阵子，听起来是乐观的。2013 年 8 月 9 日动物园发布的新闻如是写道：

尽管还是初期阶段，但苏格兰皇家动物学会透露，不排除雌性大熊猫甜甜怀孕的可能性……7 月 15 日检测到甜甜黄体酮水平第二次上升，8 月 7 日星期三得到确认，表明她可能怀孕了或处于假孕期；这意味着 40 天到 55 天之后甜甜要么生产一头幼崽，要么结束假孕期。如果有幼崽，预产期将在 8 月底 9 月初。

接下来每天都有关于甜甜是否怀孕的猜测，消息传播了数周。大自然很少撰写这类媒体友好型的剧本。几周的猜测之后，2013 年 10 月 15 日，世界人民得到了答案。苏格兰皇家动物学会的首席执行官克里斯·韦斯特（Chris West）说：

我们一直很清楚这种损失的真实可能性，因为这种事情不单发生在大熊猫身上，也发生在其他动物，包括人类身上。我们就就业业的动物饲养员、兽医以及许多其他工作人员组成的团队不知疲倦地工作，确保甜甜得到最好的照顾，包括远程观察和关闭大熊猫馆不让游客参观，给

---

* meet you halfway，也有主动做出妥协的意思。

她安静和私密的空间。我们正详细分析采集到的科学数据，但是，我完全相信我们已经做了一切可能的尝试。

悲哀的结局，至少今年是这样。

我回顾了去年年末去爱丁堡动物园的旅行，那时我就隐约期待现在这个时间前后再去一次。我曾想过写一点快乐的文字，谈谈甜甜和她的幼崽，谈谈性科学的蓬勃发展，以及性领域中正在酝酿的巨大而令人激动的变革。然而现在我却待在家里，窗外开始下雪了。

写这本书的时候，有几件事情让我印象深刻，尤其是其中一件。当我写完这几章的草稿时，我发现我们对性居然还有那么多不了解的地方，我对此感到惊异。性是如何开始的？松果蜥也像鸟一样感觉到爱情吗？鸟的爱情和田鼠的一样吗？我们怎样才能摆脱讨厌的西班牙蛞蝓？雄性钩盲蛇在哪里？海洋噪声对水生哺乳类动物的性生活造成多大影响？蛞蝓螨如何交配？霸王龙的阴茎有多大？刺猬阴道里的栓塞是谁制造的？为什么通常情况下海豚的同性恋与异性恋倾向一样？萤火虫和街灯交配吗？现在你明白了。我们经历了达尔文革命、洛伦茨革命，这个世纪我们也许会看到一场类似的性的革命，真正的性的革命。这让我意识到我们即将迎来一个不可思议的时代，有那么多这样的问题还有待解答，有很多新发现值得我们期待。

然而，换个角度，我们依然显得如此保守。生活在一个世纪以前的极地探险家乔治·李维克，曾经那么害怕他对阿德利企鹅性生活的观察记录引起学术界的反响。偶尔我很怀疑，在公众对这类问题的理解与讨论上，我们与那时又有多大的差距。关于手淫、同性恋等性行为的科学研究依然处在初级阶段，部分原因是科学家害怕没人认真对待他们的研究成果。大众媒体中充斥着关于阴茎的笑话，而阴道的故事像耻骨风滚草一样随隆隆的风声飘过。在迪士尼和皮克斯动画工作室的动画中，小丑鱼尼莫绝不是雌雄同体的生物。按照大众观点，大熊猫在野外绝不是性爱高手。如果性的科学革命要爆发，它将必须与一场文化上的革命维系在一起，一直回溯到李维克的时代。

我不知道，现在让我们看了皱眉的有关大熊猫的头条新闻，是否会让将来的年轻人发笑或不耐烦地翻个白眼。我深深记得休·沃里克给我看的中世纪那段关于刺猬的描述："刺猬是种淘气的动物，尤其是晚上当奶牛入睡之后，它会去吸奶牛的乳头，使它们的乳头疼痛。"也许我们回头看大熊猫头条新闻时会有类似的感觉？希望如此。我重申一下，正如一开始所说的，我们真的不能责难大熊猫的性生活，无论如何，不能责难野生大熊猫。毕竟，它们的祖先在性生活中命中目标的概率与你我一样，从未失手。你能说得出名字的每一种动物也都一样，百分之百命中。换言之，比分持平。阅读和书写动物的交配整整 12 个月后，我无比确信这个简单的事实。万物都是性爱高手，完全平等。

其中也包括我们，是的，你和我。这一点不容忽视。你可能注意到，我大部分时候避而不谈我们自己这个物种的性生活，这是出于两个正当的理由。其一，我并没把人类太当回事，这本书毕竟是在论述地球上生物的性，而我们只不过是数百万种栖居者中的一种（尤其具有侵略性和适应性的一种）。但是，我对人类的情况保持沉默还有一个原因，那就是我认为（从演化的角度来说）我们对自身的了解，还不足以让我们吹嘘自己是"**这样的**"或"**那样的**"。还有太多缺失的小拼图块有待发现。

有一章（关于寒鸦和爱情的那一章），我差点就把人类扯进来了，之前替我审稿的人（我非常感激他）不无道理地提出了担忧。他在空白处写道："你关于一夫一妻制的论点听起来有点父母双全比单亲更好的意思。"下面又写了一句："会不会有人利用这个观点来批判单亲父母？"他的顾虑是对的。毕竟，传统的观点认为人类是一夫一妻制的，而且一夫一妻制通常出现在抚养后代的成本比较高，也就是说需要父母双方协作的动物（尤其是鸟类）中，因此，出现了这样的言论——一夫一妻制存在于人类社会中是因为这有助于抚育后代——单亲父母是有罪的！强硬派会说："他们是失败者！"我们中间更为保守的人会说，我们大家都要体面行事，与伴侣长相厮守。还有人会声称，离婚正在毁灭社会。但是，等等，等等。请仔细听，因为这一点很重要：在本书中我说过人类是一夫一妻制的吗？没有。我说的是当我们与心爱之物在一起的时候，我们的神经－激素系统给予我们情感的奖励，这种系统可见于橙腹草原田鼠和斑胸草雀之类一夫一妻的动物身上。我们演化出了相似的系统，这也许表明在某些时候我们倾向于一夫一妻，但是，我们也演化出了形状像用来吸出其他雄性精子的活塞一样的阴茎。你可以想象一下。

也许有一天我们会发现人类的真相（或者曾经的真相），但是，现在，在现代世界中，我们可以成为自己希望的样子，或至少我们应该努力创造一个世界，让任何人都能成为他所希望的样子。有时候，我们只需要克服自我。

在关于一夫一妻制的那一章中，我顺便提及了 2005 年吕克·雅克

　　　　　　　　　　　地球上的性——动物繁殖那些事

（Luc Jacquet）拍摄的纪录片《帝企鹅日记》。这部影片描绘了南极洲帝企鹅的生活与爱情。哪怕没有看过那部电影，您无疑也很熟悉它们的性生活故事。雄性与雌性帝企鹅每年进行一次史诗般的旅行，从海洋内陆摇摇摆摆走到它们的祖先繁殖的地方，举行求偶仪式，交配，接着雌企鹅产下唯一的蛋。为了让幼雏成活，雄企鹅和雌企鹅必须轮流站在冰寒的大地上，缩成一团抵御令人难以想象的凛冽寒风，保护幼雏，而另一方则出去觅食。这部电影受到自然爱好者的推崇，并获得了多个奖项（包括奥斯卡最佳纪录片奖）。也有一些人出于其他目的对这部影片大加赞赏。有人从中看到了对社会的评价，认为其中含有更深层的信息，也就是企鹅给人类的忠告。他们认为这部电影宣扬"传统家庭价值"或"一种家庭价值的隐喻——对配偶、后代、一夫一妻制的忠贞"。有一篇文章甚至提到了"舍己为人"这个词。这成了国际热点话题。人们问："雅克到底想用那部作品来说什么？"人们一帧一帧地查看，追寻其中更深的信息与意义。在无数场合有人问到这个问题时，雅克都试图打破这些暗示，表明他只是在拍一部关于自然的电影——除此以外，别无他意。由于不断有人询问，他一度说了一句话，我很喜欢那种简明的修辞风格。我乐于想象他深深地吸了一口气，用片刻让自己冷静下来，然后才平静地对那位发问的记者说出那句话——他言简意赅地说："你得把企鹅当企鹅，把人类当人类。"

你知道吗？真的就是那么简单。这句话适用于现在，同样也适用于100多年前乔治·李维克的年代。那时候，李维克独自待在寒冷的极地，心怀恐惧地看着那些阿德利企鹅与死掉的雌企鹅、雏企鹅以及脚下的岩石交配。

尾声

老伙计李维克，有时候，你只要把企鹅当企鹅就行了。你必须把寒鸦当寒鸦，把刺猬当刺猬，把蛇当蛇，把青蛙当青蛙，把海豚当海豚，把大熊猫当大熊猫。这些生物的使命与我们无关。它们的使命只是繁殖更多的后代：交配、抚育、复制。性使我们变得独特。宇宙中也许再没有什么地方发生这样的事情。从最真实的意义来说每一个动作都奇妙无比。我们几乎没人能逃避这种古怪的生殖行为，而现在生活在这个星球上的万事万物都是性爱高手，无论你我，还是企鹅、青蛙、蛇、刺猬、蛞蝓、蛞蝓螨。与其他物种一样接近顶峰的是那些大熊猫，它们华丽、机敏、神气活现、忠贞不贰……闻起来妙不可言（如果你是只大熊猫的话）。

性是通向生命历史的关键，也是通向人类未来的关键，无论有没有大熊猫，也无论有没有我们。生命苦短，及时行乐吧。

致 谢

　　和一个整天跑到外面同性科学家聊天，或是追踪淫荡的癞蛤蟆以及其他动物，根本不理会记事簿或晚餐聚会之类事务的人生活在一起，一定烦得要命。所以，我第一个要感谢的是我的妻子艾玛，这显得合情合理。我衷心感谢她从不发火、生气或怨恨。谢谢你自始至终给我的鼓励与激励，你永远是积极的。我爱你，谢谢你。

　　还有很多人是我必须感谢的，没有他们，我可能只是在视频网站上评论一下动物们的交配行为。我要感谢的人员如下，排名不分先后：非常精彩的《大熊猫之道》一书的作者亨利·尼克尔斯，弗林特昆虫学咨询公司的莎拉·弗林特与彼得·弗林特，马萨诸塞州大学阿姆赫斯特分校的帕特里夏·布伦南，马普学会鸟类学研究所的马丁·威克尔斯基，卓越的鳞翅目专家泰瑞·魏泰克，伦敦帝国理工学院的克里斯·威尔逊，英国蜘蛛学会的海伦·史密斯，皇家鸟类保护学会的蒂姆·斯特拉德威克，世界野禽与湿地基金会的马克·辛普森和丽贝卡·李，国际鸟盟的马丁·福利和埃德·隆，"虫虫生活"的鲍尔·海瑟林顿与艾伦·斯塔勃斯，卓越的马兽医专家莎丽·贝特，英联邦野生动物基金会的安妮塔·乔希和大卫·赛利，莱斯特大学的伊恩·巴博，约翰英纳斯中心的伊恩·拜德福德，《带刺的小东西》的作者、为刺猬辩护的代言人休·沃里克，我忠实的剪辑编辑露丝·肯特，螨虫专家汉娜·尔皮斯，植狡蛛视频制作者詹姆斯·邓巴，蝙蝠保护基金会的艾比·马克龙林，旧石器考古学家贝奇·拉格·思科斯和通讯高手马特·韩。其中很多人通读了最初的几章（有些人通读了全篇），在需要修改的地方给予了指正。谢谢。

万分感谢萨姆·泰勒（其网址见 www.samdrawsthings.com）为各章绘制精美的插画。也感谢我参观爱丁堡动物园时与我交谈的工作人员。

我还应该专门列出一个重要人物，虽然实际上我们从未谋面，但是如果没有她的书，我将完全无法正确地估量动物性生活的繁多和魔力。她就是奥利维娅·贾德森，她的著作《塔希娜博士给全球生物的性忠告》，是一本精彩的书，值得一读。

当然还要感谢布鲁斯伯格出版社，尤其是贾斯敏·帕克、维克·艾特金斯，还有吉姆·马丁（他一直叫我"性先生"[Mr Sex]，这让我在会面时非常不快）。非常感谢珍妮·特布图书代理公司的珍妮·特布和爱林顿人才管理处的詹妮弗·沃特曼。

独自一人花大量时间来写动物的交配，有可能让写作者陷入某种轻度的神游状态。即便只是轻微的迹象，也会有变态的嫌疑。我的朋友和推特上的关注者们一直以来总能给我带来洞见，并让我感觉到他们的可爱——只有极少数人在看见那张不堪的、打了马赛克的针鼹阴茎照片时选择不再关注我。感谢大家。（请继续把你们拍的动物阴茎照片发给我。这个玩笑还没完全过气呢。）

最后我想说点别的。在本书最初的草稿中，有一章写到了我的母亲，她曾长期担任精神－性治疗师与教育者的职业。与父母讨论性的话题总是很冒失，但是，我妈妈可能会在某个地方，以某种方式让话题变得有趣，让我从不躲避，可以说，从青少年时期到成年，性从来没有困扰过我。我父亲对这个话题也很坦然，他们的支持对我来说意义重大，尤其是在过去 10 年。对此我们都心怀感激。感谢他们。还有……我是不是还应该感谢我父母的性行为？呃，不，那太奇怪了。但是现在，亲爱的读者，您理解为什么最初有关他们的章节不得不完全删掉，付之一炬了。

朱尔斯·霍华德

2014 年 4 月

译名对照表

adders 蝰蛇

aedeagus（aedeagi）阳茎

Ager, Derek 戴里克·艾爵

Albatrosses 信天翁

algae 藻类

Allaeochelys crassesculpta 古海龟

Allogamus auricollis 沼石蛾

American Museum of Natural History 美国自然博物馆

amphibians 两栖类动物

amphipods 片脚类动物

amplexus 抱合

anaconda 水蟒

Anas platyrhynchos 绿头鸭

Anchiornis 赫氏近鸟龙

antelopes 羚羊

antlers 鹿角

aphids 蚜虫

Aquatic Mammals 水生哺乳类

Arion vulgaris 西班牙蛞蝓

Aristotle 亚里士多德

Asexuality 无性

Australian sleepy lizards 松果蜥

Babina subaspera 隆背蛙

baboons 狒狒

bacteria 细菌

Bagemihl, Bruce 布鲁斯·巴格米尔

Baker, Henry 亨利·贝克

Ponds and Ditches《池塘与水沟》

Baker, R.A. 贝克

Barber, Iain 伊恩·巴博

barnacles 藤壶

Bate, Sally 莎丽·贝特

bats 蝙蝠

Baurle, Silke 希尔克·伯力

BBC 英国广播公司

bdelloid rotifers 蛭形轮虫

bear, brown 棕熊

bed bugs 床虱

Beddoes, Thomas Lovell 托马斯·洛沃尔·贝多斯

Bedford, Ian 伊恩·拜德福德

Bedfordshire, Cambridgeshire and Northamptonshire Wildlife Trust
  拜德福德郡、剑桥郡与北安普敦郡野生动物基金会

bison 北美野牛

blind snake, Brahminy 婆罗门盲蛇

blister beetles 斑蝥

blood-flukes 血吸虫

blowflies 绿头苍蝇

Bölsche, Wihelm 威尔海姆·包舍

bonobos 倭黑猩猩

missionary position 传教士式体位

Brennan, patricia 帕特里夏·布伦南

Bug Girl 虫虫女孩（博客）

cabbage-white butterflies 菜粉蝶

caddisflies 石蛾

cat snakes 林蛇

centipede-eating snakes 食蜈蚣蛇

Charnia 恰尼虫

Chatsworth House, Derbyshire 德比郡查特斯沃斯庄园

Cherry Hinton Chalk Pit 切瑞欣顿白垩矿场

Chicken fleas 鸡虱子

chimpanzees 黑猩猩

Christian Post《基督徒邮报》

chromosomes 染色体

Chruchill, Winston 温斯顿·丘吉尔

cichhild, convict 黑带娇丽鱼

cloaca 泄殖腔

cloning 克隆

clownfish 小丑鱼

CNN 美国有线电视新闻网

Cobb, Matthew 马休·考博

Coleridge, Samuel Taylor 塞弥尔·泰勒·柯乐律治

coneheads, soil-dwelling "土栖钻头虫"

Cope, Edward Drinker 爱德华·军可·科普

crayfish 小龙虾

crickets 蟋蟀

crocodiles 鳄鱼

Crystal Palace Dinosaur Park, London 伦敦水晶宫恐龙公园

cyamids 软甲纲动物

Daily Mail《每日邮报》

damselflies 豆娘

Darwin, Charles 查尔斯·达尔文

Dawkins, Richard 理查德·道金斯

De Graaf, Reinier 热内·德·格拉夫

Demodex 蠕形螨

De Waal, Frans 弗兰斯·德·瓦尔

dik-dik, Kirk's 柯氏犬羚

DNA 脱氧核糖核酸

dolphin, bottlenose 宽吻海豚

dolphins 海豚

dragonflies 蜻蜓

duck, Muscovy 番鸭

Dunbar, James 詹姆斯·邓巴

dungflies 粪蝇

Durrell, Gerald 杰拉尔德·达威尔

dyspraxia 动作协调能力丧失症

Eastern Morning News《东部早间新闻》

Ecclisopteryx dalecarlica 沼石蛾

echolocation 生态位点

Edinburgh Zoo 爱丁堡动物园

elks 麋鹿

ethology 动物行为学

fen raft spiders 植狡蛛

Finch, zebra 斑胸草雀

Finding Nemo《海底总动员》

Fiscal Times《财经时代》

flamingos 火烈鸟

Flint, Sharon and Peter 莎伦·弗林特与彼得·弗林特

flower beetles 花金龟

flowerpot snake 钩盲蛇

Fred Hutchinson Cancer Research Center, Seattle 西雅图弗莱德·哈金森癌症研究中心

froghoppers 沫蝉

fruit flies 果蝇

Funisia 绳虫

geckos 壁虎

generation 世代

genitalia 外阴部

GG-rubbing 外阴摩擦

Giraffes 长颈鹿

Geothe, Johannes Wolfgang 歌德

gorillas 大猩猩

Gould, Stephen Jay 史蒂芬·杰·古尔德

grass snakes 青草蛇

grasshopper, bow-winged 弓翅蚱蜢

grasshoppers 蚱蜢

grayling 眼蝶

ground beetles 土鳖虫

Guardian《卫报》

hadrosaurs 鸭嘴龙

harvestmen 盲蜘蛛

Hawkins, Benjamin Waterhouse 本杰明·沃特豪斯·霍金斯

Heck, Heinz 海因茨·赫克

hedgehog carousels 刺猬旋转木马

vaginal plugs 阴道塞

hemipenes 半阴茎

hippos 河马

homosexuality 同性恋

homosexual copulation 同性交配

homosexual necrophilia 同性恋尸癖

Hone, Dave 戴夫·霍恩

Horner, Jack 杰克·霍纳

horseshoe crabs 鲎

houseflies 家蝇

hummingbirds 蜂鸟

hyenas 鬣狗

infanticide 杀婴

invertebrates 无脊椎动物

IUCN 世界自然保护联盟

jackdaws 寒鸦

Jacquet, Luc 吕克·雅克

Jerusalem Biblical Zoo 耶路撒冷圣经动物园

John Innes Centre, Norwich 诺维奇约翰英纳斯中心

Jones, Steve 史蒂夫·琼斯

Journal of Natural History《博物学期刊》

Judson, Olivia 奥利维娅·贾德森

Kielder, Northumberland 诺森伯兰群基尔德

Kingsley, Charles 查尔斯·金斯利

koalas 考拉

Komodo dragons 科莫多巨蜥

Lambeosaurus 赖氏龙

lampreys 七鳃类

leaffish 独须叶鱼

Lee, Rebecca 丽贝卡·李

Leeuwehoek, antonie Philips van 列文虎克

Leuctra geniculate 襀翅目卷蜷科昆虫

Levick, George Murray 乔治·莫瑞·李维克

Linnaeus, Carl 卡尔·林奈

lions 狮子

lizards 蜥蜴

Lorenz, Konrad 康拉德·洛伦茨

Lovecraft, H. P. 洛夫克拉夫特

Macaque, Japanese 日本猕猴

Madingley, Cambridgeshire 剑桥郡马丁利

mallards 绿头鸭

March of penguins《帝企鹅日记》

marmosets 狨猴

masturbation 手淫

medullary bone 髓质骨

meiosis 减数分裂

melanosones 黑色素体

midwife toad, Iberian 利比亚产婆蟾

millipedes 多足类

mites 螨虫

monogamy 一夫一妻制

mosquitoes 蚊子

moths 蛾子

Museu Nacional, Brazil 巴西国家博物馆

Museum of Copulatory Organs, Sydney 澳大利亚悉尼交配器官博物馆

mussel, freshwater 淡水蚌

Naish, Darren 戴润·奈什

National Geographic《美国国家地理》

Natural History Museum, London 伦敦自然博物馆

natural selection 自然选择

Nature《自然》

necrophilia 恋尸癖

New Walk Museum and Art Gallery, Leicester 莱斯特新沃克博物馆与艺术画廊

New York Post《纽约邮报》

Newmarket, Suffolk 萨福克纽马克特

newts 蝾螈

Nicholls, Henry 亨利·尼克尔斯

nightingale 夜莺

noise 噪声

Norell, Mark 马克·诺瑞尔

octopuses 章鱼

Olly and Billie 奥利与比莉

opossums 负鼠

orcas 逆戟鲸

Orwell, George 乔治·奥韦尔

Proceedings of the Zoological Society of London《伦敦动物学会会刊》

protists 原生生物

protura 原尾目

Pteranodon 无齿翼龙

raccoons 浣熊

rams 公羊

Rana temporia 林蛙

rattlesnakes 响尾蛇

ravens 乌鸦

razorbill 海雀类

Red Queen theory "红皇后理论"

Reeve, Nigel 耐吉尔·里夫

reproduction 繁殖

reptiles 爬行类

revivification 恢复

Riccardoella limacum 蛞蝓螨

rodents 啮齿类

roundworms 蛔虫

Royal Society 皇家学会

Royal Zoological Society of Scotland 苏格兰皇家动物学会

RSPB Strumpshaw Fen 皇家鸟类保护学会位于诺福克郡斯川普沙沼泽
的保护区

rump-rump contact 臀臀接触

Russell, Douglas 道格拉斯·罗素

Ryan, Michael 迈克尔·瑞安

salamander, Chinese giant 大鲵

salmon 三文鱼

Savage, Maxwell 马克斯韦尔·萨维奇

Schweitzer, Mary 玛丽·施魏策尔

Scientific American《科学美国人》

scorpionfly 蝎蛉（举尾虫）

Scott, Robert Falcon 罗伯特·斯科特

sea anemones 海葵

sea snails 海蜗牛

sea snakes 海蛇

sea urchins 海胆

seagulls 海鸥

seahorses 海马

Seilley, David 大卫·赛利

Seneca 塞尼卡

serotonin 血清素

sexual selection 性选择

Shakespeare, William 莎士比亚

sharks 鲨鱼

sheep, mountain 盘羊

Simpson, Mark 马克·辛普森

skink, single-backed 松果石龙子

Slate《写字板》

slug mites 蛞蝓螨

slug snakes 钝头蛇

slug, banana 香蕉蛞蝓

slugs 蛞蝓

Smith, Helen 海伦·史密斯

snails 蜗牛

snake, garter 花纹蛇

snakes 蛇

sparrows 麻雀

spiders 蜘蛛

spontaneous generation 自然产生

Springwatch《观察春天》

squirrels 松鼠

stag beetles 鹿角虫

STDs（sexually transmitted diseases）性病

Steadman, Ralph 拉尔夫·斯特德曼

Stegosaurus 剑龙

sticklebacks 三刺鱼

stonefly 石蝇

Stonewall "石墙" 组织

streetlights 街灯

Strudwick, Tim 蒂姆·斯特拉德威克

sunfish 太阳鱼

Swammerdam, Jan 斯旺麦丹

Swan, Bewick's 小天鹅

Switek, Brian 布莱恩·斯维特克

Taxonomy 分类学

Tennyson, Alfred Lord 丁尼生

termites 白蚁

thrips 蓟马

tick, Indian 印度蜱

Tinbergen, Niko 尼克拉斯·丁伯根

tit, great 大山雀

toads 蟾蜍

Tratz, Eduard 爱德华·川茨

Triceratops 三角龙

trout 鳟鱼

Turk, Frank A. 弗兰克·特克

Tyrannosaurus rex 君王暴龙

University of Leicester 莱斯特大学

University of Liverpool 利物浦大学

University of Manchester 曼彻斯特大学

University of Massachusetts Amherst 马萨诸塞大学阿姆赫斯特分校

vaginas 阴道

Vasey, P. L. 瓦齐

vasopressin 抗利尿素

vole, prairie 橙腹草原田鼠

von Frisch, Karl 卡尔·冯·弗里希

vultures 秃鹫

Wallace, Alfred Russel 阿尔弗雷德·罗素·华莱士

walruses 海象

warthogs 疣猪

Warwick, Hugh 休·沃里克

wasps 黄蜂

water beetles 龙虱

water boatmen 划蝽

water bugs 半翅类水虫

water fleas 水蚤

water hog louse 水豚虱

West, Chris 克里斯·韦斯特

whale lice 鲸虱

whale, blue 蓝鲸

whales 鲸

whirligig beetles 豉甲

Whitaker, Terry 泰瑞·惠特克

whitefish 白鲑鱼属

Wikelski, Martin 马丁·威克尔斯基

Wildfowl and Wetlands Trust（WWT）, Slimbridge 窈窕桥野禽与湿地基

　　金会（WWT）

Wilson, Chris 克里斯·威尔逊

Wilson, O.E. 爱德华·威尔逊

wolf, grey 灰狼

Wordsworth, William 威廉·华兹华斯

worms 蠕虫

Yamane, Akihiro 山根明弘

译后记

——谨以此书献给赋予我们生命的父母亲们

《圣经·创世记》讲述：造物主创造了世间的万事万物，一切生物的繁衍依靠上帝的话语而实现。《创世记》第 6 章到第 9 章讲述上帝嘱咐唯一的义人诺亚带上家眷和七对洁净的雄性与雌性动物，以及一对不洁的雄性与雌性动物到诺亚方舟中，躲避上帝用于惩罚堕落的人类的洪水。上帝的吩咐，让地球上的物种得以保存、繁殖。不过，《圣经》中没有详细记载生物是如何繁衍的，因此，生物学家们在生物学领域，以详尽而细致的研究揭示了地球上的生物如何繁衍，生命如何得以传承。这就是《地球上的性》一书的价值：作者朱尔斯·霍华德选择了人类生活中司空见惯的或者根本不可能见到的物种，对它们的性以及繁衍规律进行了深入的剖析，让读者通过阅读，在几个小时内就能对生物界生命传承的类型以及方法有所了解。《地球上的性》原著在英语读物中属于选材非常新颖的课题，目前中国的生物学图书中，也还没有这样视角独特地书写生物繁衍、面向大众的科普书籍，中译版填补了该领域的空白。

在翻译《地球上的性》的过程中，除了赞叹作者对生物学的热情以及对生物的繁衍方式研究之透彻，写作之生动、诙谐和贴近读者之外，译者和作者有同样的顾虑：性是一个非常敏感、隐私、神秘而禁忌的话题，在很多场合不能够公开谈论，而其本质上是科学中非常重要的一部分，是地球生物繁衍过程中重要的一环，没有对性的认识与了解，人类对地球生物的了解将是不完整的。

朱尔斯·霍华德的研究非常全面、深入。针对一个主题，即地球上的性，全书囊括了地球上极具代表性的生物物种，从哺乳动物、两栖动物到昆虫、微生物等，展现了这些与我们人类共享地球的生物的繁衍方式。书中提到的许多知识是大家平时根本注意不到也意想不到的，或想当然自以为了解的，但实际上，阅读之后我们会发现真是太神奇了。本书的全面性不仅体现在对物种的选择上，而且还体现在对性的形式面面俱到的展示上，例如，作者对动物的同性恋行为做了研究，而最吸引人的恐怕要数对动物王国中一夫一妻制的深入剖析。他提出的动物之间是否存在爱情的问题，实际上，也是译者脑海中十分谨慎地思考过的问题。希望大家在他的书中找到曾经让你疑惑的问题的答案。

朱尔斯·霍华德非常擅长讲故事，而且诙谐幽默，好像中国相声大师抖包袱一般，能吊起读者的胃口，让读者期待答案。朱尔斯·霍华德给出的答案，是通过大量阅读文献、访谈这个领域的专家们，并结合亲自观察得来的，具有精准的科学性，同时又与生活息息关联，让读者阅读完后，能够用自己的眼睛去发现身边的科学。他以轻松的方式，让读者了解到最新的科研动态，让普通大众通过阅读这一永恒的学习方式培养自己的科学头脑。同时，朱尔斯·霍华德的文风偶尔变得异常犀利，目的是还原他所书写的动物的性的本来面目，而不加任何人类思想的揣测和主观臆断，即，剔除人类主观想象出的动物如何交配的图景，而准确地描述动物交配、繁衍的实际情形。写到以往人们思维定式中的错误，朱尔斯·霍华德毫不留情，嬉笑怒骂，为的是引起人们的注意：错了，错了，不是这样的。以这样的方式传播科研成果，让人耳目一新。

朱尔斯·霍华德的眼睛还很善于发现独特的物种，比如蛞蝓螨。这种物种在 1710 年被首次发现，1776 年命名后，经过 200 多年，只有两篇学术论文关注和描述，而作者笔下的这种生物十分传奇，定能激发人们的好奇心。读者读了一定跃跃欲试，想要进一步研究。期待未来更多的科研人员能进一步研究，让普通大众了解我们神奇的地球以及地球上的物种。

我们观察和书写生物界的性，所用的术语都是人类的语言，部分词汇同时适用于人类和其他生物，因此，人类的视角与观点也是本书翻译过程中面临的一个挑战。在键盘上反复敲出一些敏感词汇，是一个充满了挑战而且顾虑重重的过程。工作的时候，别人偶尔瞥见电脑屏幕上的敏感词汇，该如何解释？还是不解释？这些都是让译者纠结的问题。作者朱尔斯·霍华德也有同样的顾虑，并在本书最初的几章中做了解释，目的是帮助读者们从科学的角度看待性，尤其是本书的主题——动物的性。朱尔斯的解释逐渐消除了我们的顾虑，让我们在键盘上自如地敲出那些敏感的字眼。因为，我们已经跳出人类的评判标准，进入了生物界，置身于朱尔斯·霍华德描述的场景中，以他者的眼光去参与和观察。做生物学要跳出人类中心主义，才能更真实地了解生物。

这样，面对电脑，想到作者以及将来的读者也有和我一样的顾虑，也有过害羞的心理和脸红的经历，渐渐地心里也和作者一样有了一分坦然。

一本书要面临的是一般大众。当这样的话题摆在大众的面前时，一定会引出各种各样的视角、品味以及评价。朱尔斯·霍华德的这部科普读物，兼具学术性与普及性，普通读者可从中了解有关地球生物繁衍的科学。作为译者，我们希望读者们阅读之后，能用科学的态度与眼光，来看待《地球上的性》以及地球上的生物生生不息的繁衍。

感谢科学家们的研究成果和朱尔斯·霍华德的著作，让我们在阅读中获得丰富的知识，全面地了解奇妙的生物世界，进而去探索生命的意义。感谢昆明理工大学外国语言文化学院的王锡平和赵帅阅读最初的译稿并给出有帮助的建议，让译本拥有了生命力，得以在读者的思想中成长、传播。

敬请享受阅读为我们打开的一个又一个神奇的世界！

韩宁　金箍儿

2016 年 10 月 15 日

图书在版编目(CIP)数据

地球上的性：动物繁殖那些事 /（英）朱尔斯·霍华德 著；韩宁，金箍儿 译 . —北京：商务印书馆，2019
（自然文库）
ISBN 978 - 7 - 100 - 16586 - 0

Ⅰ.①地… Ⅱ.①朱…②韩…③金… Ⅲ.①动物—繁殖—普及读物 Ⅳ.①S814 - 49

中国版本图书馆 CIP 数据核字(2018)第 204072 号

自然文库
地球上的性
动物繁殖那些事
〔英〕朱尔斯·霍华德 著
韩宁 金箍儿 译

商 务 印 书 馆 出 版
（北京王府井大街 36 号 邮政编码 100710）
商 务 印 书 馆 发 行
北 京 冠 中 印 刷 厂 印 刷
ISBN 978 - 7 - 100 - 16586 - 0

2019 年 1 月第 1 版 开本 710×1000 1/16
2019 年 1 月北京第 1 次印刷 印张 18¼
定价：58.00 元